東進

共通テスト実戦問題集
生物

ADVANCED BIOLOGY

別冊

問題編

Question

東進ブックス

東進

共通テスト実戦問題集
生物

ADVANCED BIOLOGY

問題編
Question

東進ハイスクール・東進衛星予備校 講師
飯田 高明
IIDA Takaaki

目次

東進 共通テスト実戦問題集

第1回

理科② 〔生　物〕

（60分 100点）

注意事項

1 解答用紙に，正しく記入・マークされていない場合は，採点できないことがあります。特に，解答用紙の**解答科目欄にマークされていない場合又は複数の科目にマークされている場合は，0点**となります。

2 試験中に問題冊子の印刷不鮮明，ページの落丁・乱丁及び解答用紙の汚れ等に気付いた場合は，手を高く挙げて監督者に知らせなさい。

3 解答は，解答用紙の解答欄にマークしなさい。例えば，[10] と表示のある問いに対して③と解答する場合は，次の（例）のように**解答番号10の解答欄**の③に**マーク**しなさい。

（例）

解答番号	解答欄
10	① ② ● ④ ⑤ ⑥ ⑦ ⑧ ⑨ ⓪ ⓐ ⓑ

4 問題冊子の余白等は適宜利用してよいが，どのページも切り離してはいけません。

5 **不正行為について**

① 不正行為に対しては厳正に対処します。

② 不正行為に見えるような行為が見受けられた場合は，監督者がカードを用いて注意します。

③ 不正行為を行った場合は，その時点で受験を取りやめさせ退室させます。

6 試験終了後，問題冊子は持ち帰りなさい。

生　　　物

（解答番号 1 ～ 27 ）

第１問　次の文章を読み，後の問い(問１～３)に答えよ。(配点　19)

日本の農村の周辺などの，人間が管理・利用する雑木林や草地が広がる地域では，(a)定期的なかく乱によって多様な環境が維持され，そこに生育する生物の多様性が高く保たれている。しかし，農村から都市への変化にともない，宅地造成のような大規模なかく乱により在来生物が減少し，かく乱に強い外来生物が増加することがある。

植物Ａ・Ｂはいずれもキク科の外来生物であり，都市的荒地などのかく乱により生じたさまざまなタイプの空き地にみられる。これら２種の繁殖方法を調べるために，**実験１**・**実験２**を行った。なお，キク科の植物は，多数の小花が集まった頭花と呼ばれる花を形成する。

問1　下線部(a)に関連して，図1はある熱帯・亜熱帯地域のサンゴ礁における，台風によるサンゴ礁の損傷の程度とサンゴの種数の関係を示したグラフである。図1について，次の記述ⓐ～ⓒのうち，正しいものはどれか。それを過不足なく含むものを，後の ① ～ ⑦ のうちから一つ選べ。

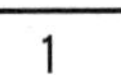
1

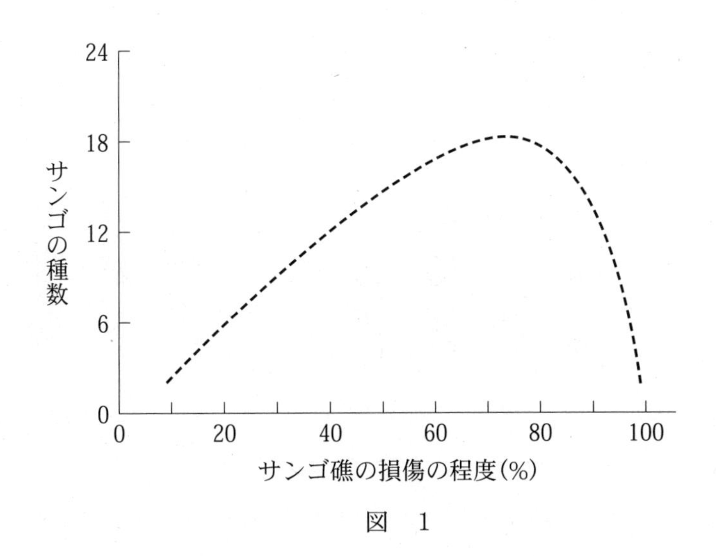

図　1

ⓐ　サンゴ礁の損傷の程度が30%のとき，主にかく乱に強い種がサンゴ礁を占有している。

ⓑ　サンゴ礁の損傷の程度が80%のとき，種間競争に強い種とかく乱に強い種がサンゴ礁で共存している。

ⓒ　サンゴ礁の損傷の程度が90%のとき，主に種間競争に強い種がサンゴ礁を占有している。

① ⓐ　② ⓑ　③ ⓒ　④ ⓐ，ⓑ
⑤ ⓐ，ⓒ　⑥ ⓑ，ⓒ　⑦ ⓐ，ⓑ，ⓒ

実験１　開花前の頭花に以下のａ～ｄの処理を行い，結実させた。その後，個体当たりの結実率(小花数に対する生じた種子数の割合(％))を求めた。この結果を図２に示す。

ａ　紙袋をかけた。

ｂ　紙袋をかけておいた頭花に同じ株の花粉を受粉させる。

ｃ　紙袋をかけておいた頭花に他の株の花粉を受粉させる。

ｄ　無処理。

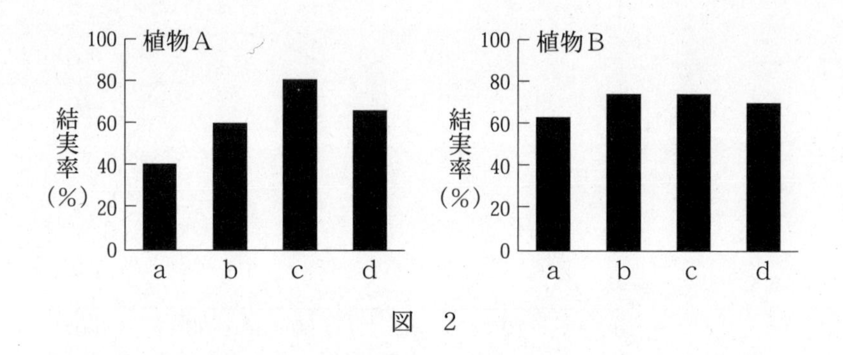

図　２

問２　植物Ａ，植物Ｂについて，**実験１**の結果から導かれる考察について述べた次の記述ⓓ～ⓕのうち，正しいものはどれか。その組合せとして最も適当なものを，後の ① ～ ⑦ のうちから一つ選べ。

植物Ａ　[2]　植物Ｂ　[3]

ⓓ　自然状態で送粉者がいなくても，50％以上の結実率を維持できる。

ⓔ　自然状態では結実の半分以上を自家受粉に依存している。

ⓕ　自家受粉を防ぐしくみがあり，他家受粉よりも結実しにくくなっている。

① ⓓ　② ⓔ　③ ⓕ　④ ⓓ，ⓔ

⑤ ⓓ，ⓕ　⑥ ⓔ，ⓕ　⑦ ⓓ，ⓔ，ⓕ

実験２　植物A，植物Bのつくる個体当たりの最大種子数と種子の平均の重さを調べた。この結果を表１に示す。

表　1

	最大種子数／個体	種子の平均の重さ(mg)
植物A	307444	0.05
植物B	627409	0.026

問３　**実験２**の結果から導かれる考察として適当なものを，次の①～⑦のうちから二つ選べ。ただし，解答の順序は問わない。

① 植物Aは植物Bよりも広範囲に種子を散布するのに有利である。
② 植物Aは植物Bよりも芽生えの生存率が高い。
③ 植物Aは植物Bよりも植物の生えていない空き地に進出しやすい。
④ 植物Aは植物Bよりも安定した環境での種間競争に有利である。
⑤ 植物Aは植物Bよりも種子に分配する資源量の割合が大きい。
⑥ 植物Aは植物Bよりも種子に分配する資源量の割合が小さい。
⑦ 植物Aは植物Bよりも種子に分配する資源量が多い。

第２問　次の文章を読み，後の問い(**問１～３**)に答えよ。(配点　16)

(a)<u>ショウジョウバエ</u>の幼虫を用いて学習に関する実験を計画した。まず，バナナのような匂いの揮発性の物質Ａ，バラのような匂いの揮発性の物質Ｂを用意した。なお，物質Ａと物質Ｂはショウジョウバエの幼虫に対して同程度の誘引作用をもつ。

次に，幼虫の餌となるフルクトースを含む寒天プレート(餌あり寒天プレート)と，フルクトースを含まない寒天プレート(餌なし寒天プレート)を用意し，物質Ａあるいは物質Ｂの入った容器をプレートの両端に置いた。実験準備が終わった段階で，**実験１・実験２**を行った。

問１　下線部(a)について，ショウジョウバエに関する記述として最も適当なものを，次の①～⑤のうちから一つ選べ。　**６**

① だ腺染色体のパフでは，DNA の複製が進行している。

② 胚には多核体の時期がある。

③ 胚に生じた原口はやがて肛門となり，その反対側に口が生じる。

④ 野生型の成虫には４枚の翅がみられる。

⑤ 散在神経系をもつ。

実験1　ショウジョウバエの野生型の幼虫50匹を用いて，**操作1**と**操作2**を3回繰り返した。なお，寒天プレートは操作を繰り返すごとに新しいものに取り換えた。

操作1：物質Aの入った容器を置いた餌あり寒天プレート(図1左)の中央に幼虫50匹を入れ，蓋をして5分間置いた。

操作2：**操作1**を終えた幼虫を取り出し，物質Bの入った容器を置いた餌なし寒天プレート(図1右)の中央に移し，蓋をして5分間置いた。

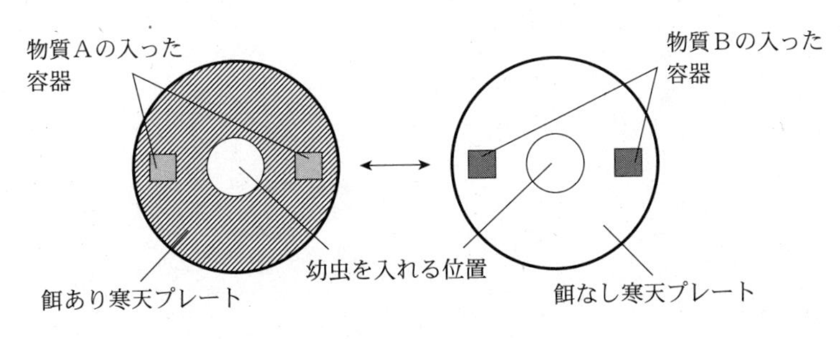

図　1

実験２　餌なし寒天プレートの両端に物質Ａの入った容器と物質Ｂの入った容器を離して置いた(図２)。この中央に，**実験１**を行った幼虫を容器内に５分間置いて，幼虫の存在場所と個体数を調べた。また，同様の実験を，**実験１**を行っていない幼虫50匹を用いて行った。これらの結果を表１に示す。なお，幼虫は明らかに移動したと判断できる個体のみを数えた。

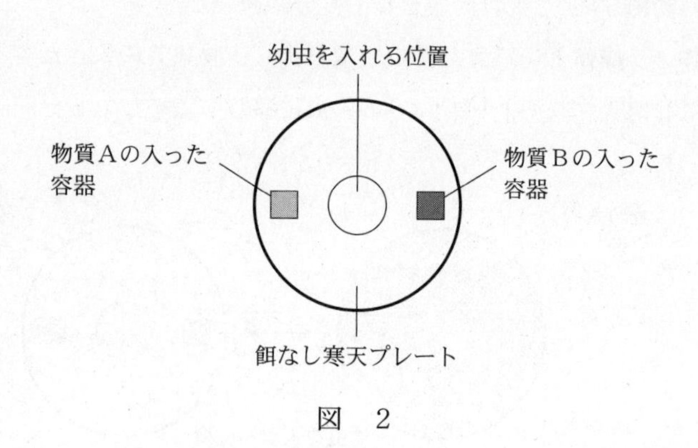

図　２

表　１

	物質Ａ付近	中央部	物質Ｂ付近
実験１を行った幼虫	39	3	6
実験１を行っていない幼虫	22	5	20

問2　**実験1**と**実験2**について，与えた匂い刺激の順序が幼虫の行動に影響を与えたという仮説を立てた。この仮説を否定するためには，どのような実験を行い，どのような結果が得られればよいか。最も適当なものを，次の①～④のうちから一つ選べ。 7

① **実験1・操作1**のみを3回繰り返し，**実験2**で**実験1**を行った幼虫よりも物質A付近に移動した個体数が多いという結果が示されればよい。

② **実験1**で**操作2**のみを3回繰り返し，**実験2**で**実験1**を行った幼虫と同程度の結果が示されればよい。

③ **実験1**で**操作1**と**操作2**の順序を逆にして3回繰り返し，**実験2**で**実験1**を行った幼虫よりも物質B付近に移動した個体数が多いという結果が示されればよい。

④ **実験1**で**操作1**と**操作2**の順序を逆にして3回繰り返し，**実験2**で**実験1**を行った幼虫と同程度の結果が示されればよい。

問３　野生型，ある遺伝子Xが変異している変異体Xをそれぞれ50匹用意し，**実験１・実験２**を行った。この結果を表２に示す。変異体Xの行動について，表２の結果から導かれる考察として適当なものを，後の①～⑦のうちから二つ選べ。ただし，解答の順序は問わない。なお，野生型と変異体Xにおいて寒天プレート上を移動する運動能力には差はなかった。また，この実験では，明らかに移動したと判断できる個体のみを数えた。［　8　］・［　9　］

表　２

	物質A付近	中央部	物質B付近
野生型	41	3	5
変異体X	23	5	22

① 物質Aと物質Bの匂いの識別ができなくなっている。
② 物質Bの匂いよりも物質Aの匂いを好む働きが弱くなっている。
③ 物質Aの匂いよりも物質Bの匂いを嫌う働きが弱くなっている。
④ 物質Aと餌を関連づける生得的な働きが強くなっている。
⑤ 物質Aと餌を関連づける生得的な働きが弱くなっている。
⑥ 物質Aと餌を関連づける学習能力が低下している。
⑦ 物質Aと餌を関連づける学習能力が上昇している。

（下 書 き 用 紙）

生物の試験問題は次に続く。

第３問　次の文章を読み，後の問い（問１～３）に答えよ。（配点　10）

図１は，物質Ａを基質として物質Ｂを生じる反応を触媒する酵素Ｘについて，また，酵素Ｘをコードする遺伝子Ｘの一つの塩基を置換させてつくった酵素 x1 と酵素 x2 について，物質Ａの濃度と反応速度の関係を調べたものである。シロウとサクラはこの図１を見てディスカッションを行った。

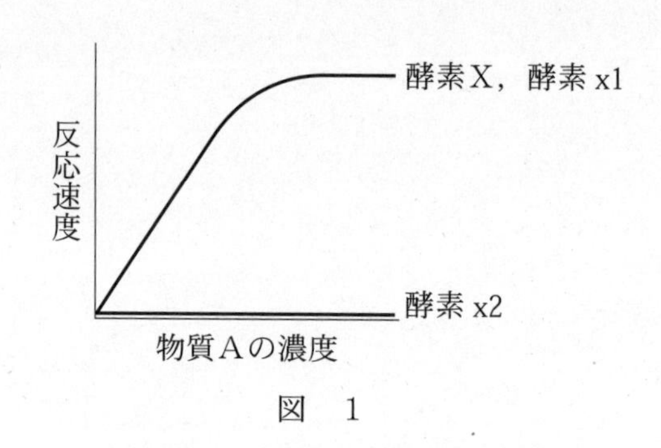

図　1

シロウ：酵素Ｘのグラフを見ると，物質Ａの濃度が高くなると反応速度が上昇するのは分かるけど，途中から反応速度がなぜ一定になるのかな。

サクラ：酵素の反応速度って，［　ア　］濃度に比例するからじゃないかな。

シロウ：ああ，そういえば，先生が授業で言ってたな。物質Ａの濃度が高くなっていくと［　ア　］濃度も高くなっていくけど，やがてすべての［　イ　］が［　ア　］の状態になってしまうから，それ以上物質Ａの濃度を上げても［　ア　］濃度は上昇しないんだね。

サクラ：それより，酵素Ｘと酵素 x1 のグラフが変わらないっていうのがおかしいと思うんだ。だって，酵素 x1 って，１塩基置換させた遺伝子Ｘをもとにつくったんだよね。

シロウ：この１塩基の置換によって，mRNA のコドンが［　ウ　］からじゃないかな。

サクラ：なるほど，それなら納得だね。じゃあ，(a)<u>酵素 x2 はどうやってできたんだろう。</u>

問1 上の会話文中の ア ・ イ に入る語句の組合せとして最も適当なものを，次の①～④のうちから一つ選べ。 10

	ア	イ
①	酵　素	基　質
②	酵　素	酵　素
③	酵素—基質複合体	基　質
④	酵素—基質複合体	酵　素

問2 上の会話文中の ウ に入る文として最も適当なものを，次の①～④のうちから一つ選べ。 11

① 酵素Xと異なるアミノ酸を指定した

② 酵素Xと同じアミノ酸を指定した

③ アミノ酸を指定していたのが，終止コドンに変化した

④ 終止コドンであったのが，アミノ酸を指定するコドンに変化した

問３　下線部(a)について，シロウとサクラはいくつかの仮説を考えた。次の仮説ⓐ～ⓒのうち，可能性のあるものはどれか。それを過不足なく含むものを，後の ① ～ ⑦ のうちから一つ選べ。 **12**

ⓐ　酵素の活性部位を指定する mRNA の領域の上流にある終止コドンがアミノ酸を指定するようになり，酵素の活性部位が欠損したタンパク質が合成された。

ⓑ　酵素の活性部位を指定するm RNA の領域のうち，終止コドンがアミノ酸を指定するようになり，活性部位の立体構造が変化したタンパク質が合成された。

ⓒ　酵素の活性部位を指定するm RNA の領域のうち，アミノ酸を指定するコドンが終止コドンになり，活性部位の一部が欠損したタンパク質が合成された。

① ⓐ　② ⓑ　③ ⓒ　④ ⓐ，ⓑ
⑤ ⓐ，ⓒ　⑥ ⓑ，ⓒ　⑦ ⓐ，ⓑ，ⓒ

(下 書 き 用 紙)

生物の試験問題は次に続く。

第４問　次の文章を読み，後の問い(問１～５)に答えよ。(配点　22)

一般的な系統樹(有根系統樹)を作成するには，まず根をもたない系統樹(無根系統樹)を作成する。図１は (a)コケ植物，シダ植物，(b)種子植物のグループの無根系統樹である。コケ植物，シダ植物，種子植物の祖先生物が位置すると考えられる部位(図１中ａ～ｃ)に根を置くと，図２(ｉ)～(iii)のように３種類の有根系統樹を作成することができる。

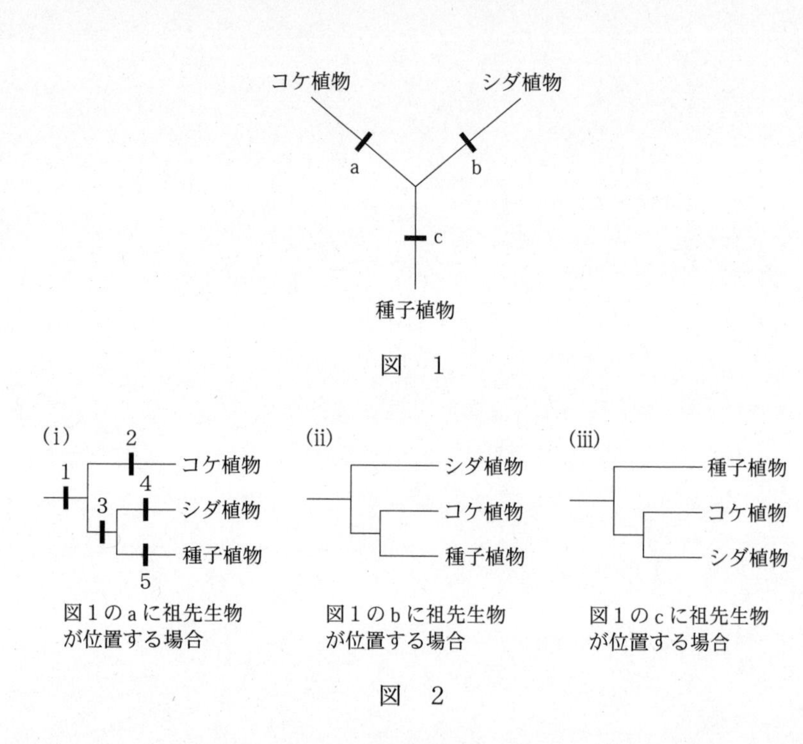

図　1

図　2

図２(ｉ)の１～５は形質の変化(形質の獲得，もしくは喪失)が起こる位置を示している。例えば，維管束は，［ア］の段階で獲得されて，その形質がそのまま子孫に受け継がれた可能性もあれば，［イ］でそれぞれ独立に獲得された可能性もある。

問1　下線部(a)に関連して，コケ植物とシダ植物に関する記述として最も適当なものを，次の ①～⑤ のうちから一つ選べ。 13

① コケ植物では，胞子体が配偶体から独立して生活している。
② コケ植物もシダ植物も，造卵器内で減数分裂が起こり，卵細胞が生じる。
③ コケ植物の本体は配偶体であり，シダ植物の本体は胞子体である。
④ 最古のコケ植物の化石はロボクである。
⑤ 最古のシダ植物の化石はクックソニアである。

問2　下線部(b)に関連して，種子植物は被子植物と裸子植物に分かれる。被子植物が独自に獲得した形質として**誤っているもの**を，次の ①～④ のうちから一つ選べ。 14

① 花粉管内の２個の精細胞のうち，片方は卵細胞と受精し，もう片方は中央細胞と合体する。
② 受精に外部の水を必要としない。
③ 胚珠が子房に包まれている。
④ 色鮮やかな花弁が発達している。

問３　上の文章中の［ア］・［イ］に入る数値の組合せとして最も適当なものを，次の①～⑥のうちから一つ選べ。［15］

	ア	イ
①	1	2，4
②	1	2，5
③	1	4，5
④	3	2，4
⑤	3	2，5
⑥	3	4，5

問４　図２について記した次の考察文中の［ウ］～［カ］に入る数値の組合せとして最も適当なものを，後の①～⑥のうちから一つ選べ。
［16］

形質変化が起こる回数が最も少ない系統樹を最適な系統樹であるとする。図２において，維管束という形質だけを考えると，最少の形質変化(維管束の獲得もしくは喪失)の回数は，図２の(ⅰ)では［ウ］回，(ⅱ)では［エ］回，(ⅲ)では［オ］回となり，最適な系統樹は図２の［カ］となる。

	ウ	エ	オ	カ
①	1	2	2	(ⅰ)
②	2	1	2	(ⅱ)
③	2	2	1	(ⅲ)
④	2	3	3	(ⅰ)
⑤	3	2	3	(ⅱ)
⑥	3	3	2	(ⅰ)

問5 表1は，生物種W～Zのある遺伝子の同じ領域の塩基配列を比較したものであり，図3は，表1のデータをもとに最節約法によって作成された分子系統樹である。図3のPは種Y，種X，種Zの共通祖先，Qは種X，種Zの共通祖先を示している。推定されるP，Qのそれぞれの塩基配列として最も適当なものを，後の①～⑥のうちから一つ選べ。

P [17]　Q [18]

表　1

種	塩基配列
種W	GAGCTATC
種X	GAACAAGC
種Y	GAACTATC
種Z	GAACTAGG

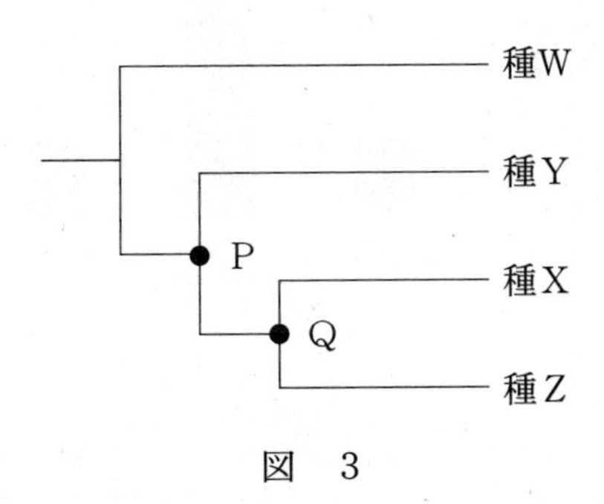

図　3

① GAGCTATC
② GAACAAGC
③ GAACTATC
④ GAACTAGG
⑤ GAACTAGC
⑥ GAACAATC

第５問 次の文章を読み，後の問い(問１・２)に答えよ。(配点 11)

脊椎動物の(a)骨格筋では，運動時の収縮に多量のATPを消費するが，骨格筋細胞にはATPを迅速に再合成する機構が備わっているため，骨格筋細胞内のATP濃度は一定に保たれる。そこで，骨格筋細胞が無酸素運動時にどのようにATPを再合成するのかを調べるため，**実験１**を行った。

実験１ カエルの腹部から腹直筋を取り出した。腹直筋を，物質Ａを加えたものと加えなかったものに分け，無酸素条件下で一定時間収縮させ，それぞれ収縮の前後で腹直筋１g当たりに含まれる乳酸とクレアチンリン酸の量を測定した。これらの結果を図１と図２に示す。

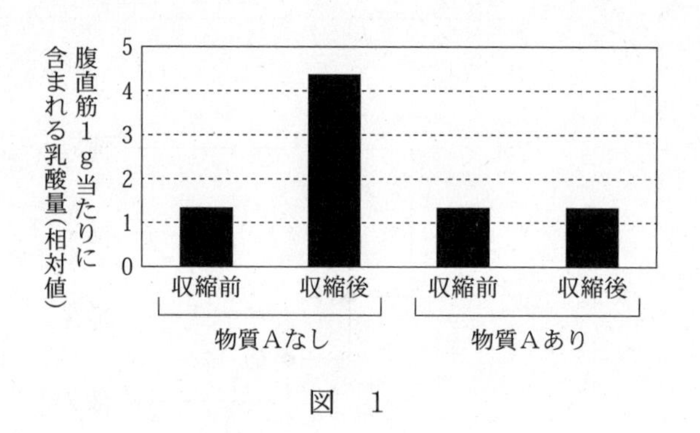

図 1

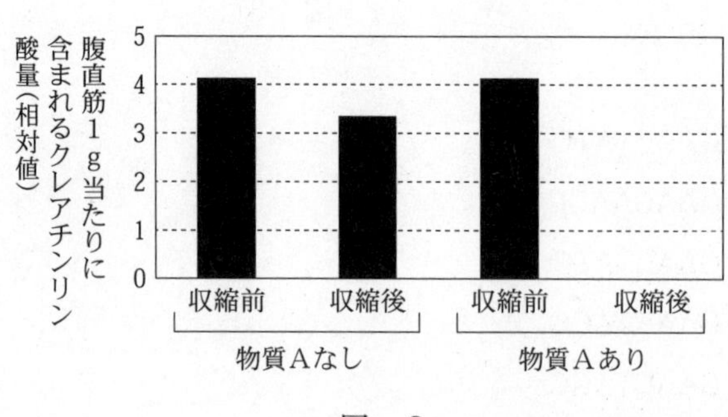

図 2

問1　下線部(a)について，骨格筋に関する記述として**誤っているもの**を，次の ① ～ ④ のうちから一つ選べ。 19

① 多核の細胞からなる。
② 発生時に生じる体節から分化する。
③ 一つ一つの筋細胞の収縮は全か無かの法則にしたがう。
④ ノルアドレナリンを与えると収縮する。

問2　**実験1**の結果から導かれる考察として適当なものを，次の ① ～ ⑧ のうちから二つ選べ。ただし，解答の順序は問わない。
20 ・ 21

① 物質Aは，解糖系の進行を阻害する働きをもつ。
② 物質Aは，解糖系の進行を促進する働きをもつ。
③ 物質Aは，クエン酸回路と電子伝達系の進行を阻害する働きをもつ。
④ 物質Aは，クエン酸回路と電子伝達系の進行を促進する働きをもつ。
⑤ 解糖系で生じたATPは，クレアチンからクレアチンリン酸を生じる反応に用いられる。
⑥ クエン酸回路や電子伝達系で生じたATPは，クレアチンからクレアチンリン酸を生じる反応に用いられる。
⑦ 筋収縮時に消費されたATPは，主にクエン酸回路と電子伝達系によって生じたATPによって補充される。
⑧ 筋収縮時に消費されたATPは，主に解糖系で生じたATPによって補充される。

第６問　次の文章（A・B）を読み，後の問い（**問１〜５**）に答えよ。
（配点　22）

A　(a)真核細胞の細胞質には，タンパク質からなる細胞骨格が存在する。このうち，微小管はチューブリンが多数重合したものである。微小管はチューブリンの重合により伸長し，脱重合により短縮する。一方，モータータンパク質は，細胞骨格上を移動して細胞内の小胞や細胞小器官の輸送を担っており，微小管上を移動するモータータンパク質としてダイニンとキネシンが知られている。微小管とモータータンパク質について調べるため，**実験１**を行った。

問１　下線部(a)に関連して，真核細胞の細胞質中に存在する細胞小器官に関する記述として**誤っているもの**を，次の①〜④のうちから一つ選べ。 22

① 粗面小胞体には，カルシウムイオンが貯蔵されている。
② リボソームはタンパク質とRNAから構成される。
③ リソソームは，細胞内消化を行っている。
④ アミロプラストには，デンプンが貯蔵されている。

実験１　ATP，チューブリン，物質Mを含む溶液中で，中心部が動かないように微小管を固定し，微小管の＋端と－端の位置の変化を顕微鏡で観察した。この結果を図１に示す。ただし，図１aは低濃度の物質Mを含む条件での結果，図１bは高濃度の物質Mを含む条件での結果を示している。また，●は＋端，○は－端の位置を示している。

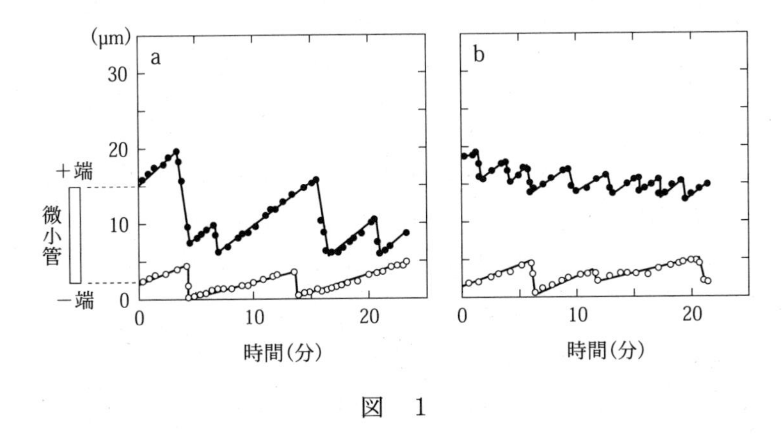

図 1

問2 **実験1**の結果から導かれる考察として最も適当なものを，次の①～⑦のうちから二つ選べ。ただし，解答の順序は問わない。

| 23 | ・ | 24 |

① 物質Mが低濃度のとき，＋端の方が－端より重合の継続時間が平均的に短い。

② 物質Mが低濃度のとき，＋端の重合と－端の重合は同調している。

③ 物質Mが高濃度のとき，＋端の重合と－端の重合は同調している。

④ 物質Mが高濃度のとき，＋端の方が－端より脱重合の速度が平均的に小さい。

⑤ 物質Mの濃度にかかわらず，－端における重合の速度は脱重合の速度より小さい。

⑥ ＋端における重合と脱重合の1周期の時間は，高濃度の物質Mによって短縮される。

⑦ 20分間での微小管の長さの変化は，物質Mが高濃度のときより低濃度のときの方が大きい。

B (b)哺乳類の血糖濃度は食後で上昇するが，インスリンの働きによって正常な濃度の範囲内に調節されている。グルコースの細胞内への取り込みには，数種類のグルコース輸送体が働いている。

マウスの肝臓から肝細胞を，骨格筋から骨格筋細胞を単離して，**実験２**を行った。なお，グルコース輸送体として，肝細胞には輸送体Ａが，骨格筋細胞には輸送体Ｂが発現している。

問３ 下線部(b)に関連して，ヒトのインスリンに関する記述として**誤っているもの**を，次の ① ～ ④ のうちから一つ選べ。 25

① 糖尿病患者に経口投与することで，血糖濃度を下げることができる。

② ペプチドホルモンである。

③ 副交感神経の働きで，すい臓ランゲルハンス島Ｂ細胞からの分泌が促進される。

④ 肝臓では，グルコースからグリコーゲンの合成が促進される。

実験2　肝細胞と骨格筋細胞の培養液にさまざまな濃度になるようグルコースを加えて，インスリン存在下と非存在下で細胞内へのグルコースの取り込み速度を測定した。この結果を図2に示す。ただし，図2中の実線はインスリン存在下，点線はインスリン非存在下の結果を示している。また，実験は一定の温度下で行っており，マウスの血糖濃度の正常範囲は図2中のグルコース濃度5～7の範囲である。

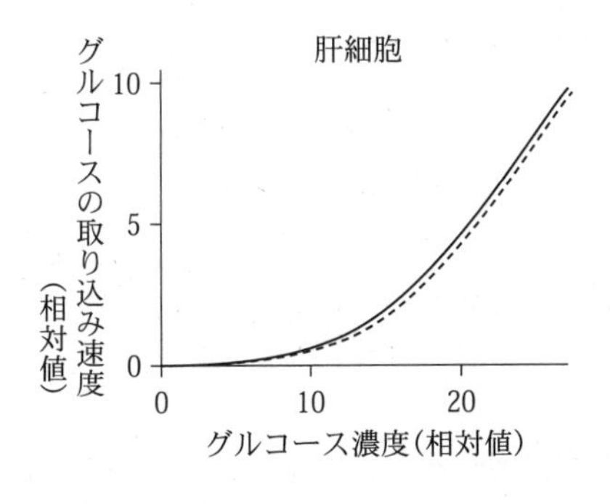

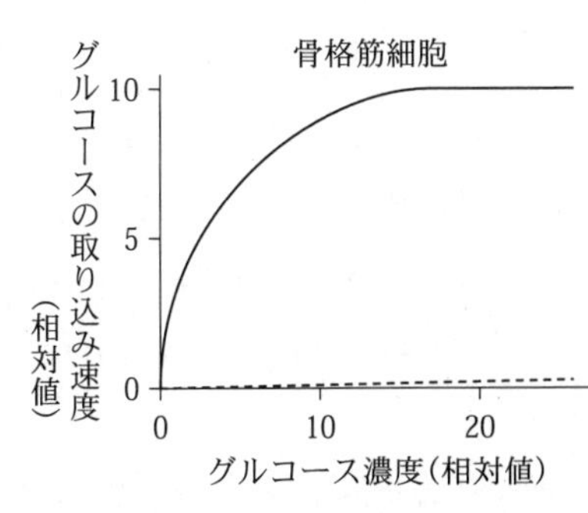

図　2

問4　**実験2**の結果から導かれる考察として最も適当なものを，次の①～④のうちから一つ選べ。 [26]

① 輸送体Aのグルコース取り込み速度は，インスリンの有無で大きく変化する。

② 輸送体Bでは，インスリンが輸送体Bとグルコースの結合を競争的に阻害するため，インスリン存在下ではグルコースとの親和性(結合力)が低下する。

③ インスリン非存在下では，グルコース濃度にかかわらず，輸送体Aに比べて輸送体Bの方がグルコースとの親和性は高い。

④ 正常な血糖濃度の範囲において，インスリン存在下では，輸送体Bに比べて輸送体Aの方がグルコースとの親和性は低い。

問5　骨格筋細胞の輸送体Bの存在量を調べたところ，インスリン存在下と非存在下でほとんど差がなかった。この事実と**実験2**の結果から導かれる合理的な推論を述べた次の考察文中の [ア] ・ [イ] に入る語句や文の組合せとして最も適当なものを，後の①～⑥のうちから一つ選べ。 [27]

骨格筋細胞がインスリンを受容すると， [ア] の輸送体Bが [イ] ことによって，輸送体Bのグルコースの取り込みが促進される。

	ア	イ
①	細胞質中	盛んに分裂する
②	細胞質中	細胞質中で盛んに合成される
③	細胞質中	細胞膜上に移動する
④	細胞膜上	盛んに分裂する
⑤	細胞膜上	細胞膜上で盛んに合成される
⑥	細胞膜上	細胞質中に移動する

東進 共通テスト実戦問題集

第2回

理科② 〔生　物〕

（60分 100点）

注意事項

1 解答用紙に，正しく記入・マークされていない場合は，採点できないことがあります。特に，解答用紙の**解答科目欄にマークされていない場合又は複数の科目にマークされている場合は，0点**となります。

2 試験中に問題冊子の印刷不鮮明，ページの落丁・乱丁及び解答用紙の汚れ等に気付いた場合は，手を高く挙げて監督者に知らせなさい。

3 解答は，解答用紙の解答欄にマークしなさい。例えば， 10 と表示のある問いに対して③と解答する場合は，次の（例）のように**解答番号10の解答欄の③にマーク**しなさい。

（例）

解答番号	解　答　欄
10	① ② ● ④ ⑤ ⑥ ⑦ ⑧ ⑨ ⓪ ⓐ ⓑ

4 問題冊子の余白等は適宜利用してよいが，どのページも切り離してはいけません。

5 **不正行為について**

① 不正行為に対しては厳正に対処します。

② 不正行為に見えるような行為が見受けられた場合は，監督者がカードを用いて注意します。

③ 不正行為を行った場合は，その時点で受験を取りやめさせ退室させます。

6 試験終了後，問題冊子は持ち帰りなさい。

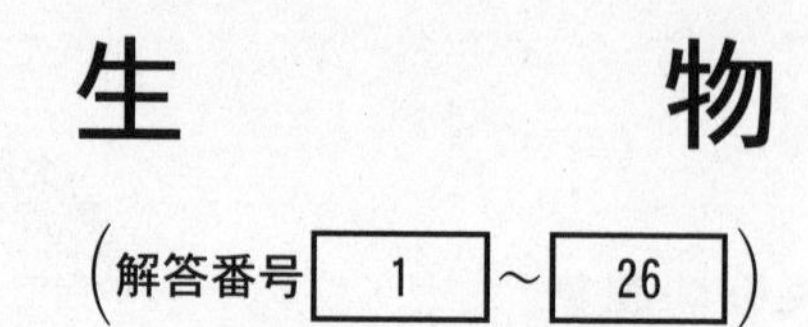

第１問　次の文章（A・B）を読み，後の問い（**問１～５**）に答えよ。
（配点　26）

A　植物の葉の葉肉細胞には多数の(a)<u>葉緑体</u>がある。葉緑体のチラコイド膜には，二つの光化学系（光化学系Ⅰと光化学系Ⅱ）と電子伝達系が存在する。葉緑体の(b)<u>光合成色素</u>が光エネルギーを吸収すると，チラコイド膜上で電子の移動が起こる。図１はチラコイド膜上での電子の流れを示したものである。

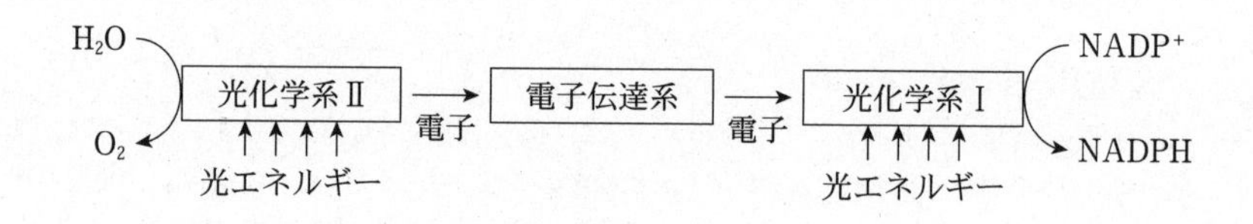

図　1

問１　下線部(a)について，葉緑体に関する記述として最も適当なものを，次の ①～④ のうちから一つ選べ。 1

① 二重の膜で包まれた細胞小器官であり，その内膜がチラコイド膜である。

② 核とは独立した環状の DNA をもつ。

③ シアノバクテリアには葉緑体がある。

④ 植物を構成する細胞は，すべて葉緑体をもつ。

問2　下線部(b)について，光合成色素の種類は生物によって異なっている。光合成色素の種類と生物に関する記述として最も適当なものを，次の①～④のうちから一つ選べ。［2］

① クロロフィルａはすべての光合成生物がもっている。
② 紅藻類はクロロフィルａのかわりにクロロフィルｂをもっている。
③ 藻類のうち，シアノバクテリアと光合成色素の種類が最も類似しているのは褐藻類である。
④ 緑藻類と被子植物のもつクロロフィルの種類は同じである。

問3　葉緑体の電子伝達系ではたらいているタンパク質に，シトクロムｆがある。シトクロムｆは電子を受けとると還元された状態になり，電子を放出すると酸化された状態になる。そこで，紅藻類のチノリモを用いて，さまざまな波長の光を照射して，シトクロムｆの酸化・還元の状態を調べる**実験１**を行った。**実験１**の結果から導かれる考察として**誤っているもの**を，後の①～⑧のうちから二つ選べ。ただし，解答の順序は問わない。［3］・［4］

実験１　暗所に置いたチノリモに，680nm の波長の光(赤色光)を照射したところ，シトクロム f は酸化された。また，さらに，680nm の波長の光を照射したまま 562nm の波長の光(緑色光)を照射したところ，シトクロム f は還元された。その後，処理 X を行い，しばらくして処理 Y を行った。この一連の処理におけるシトクロム f の酸化・還元の状態を図２に示す。なお，光照射が行われている間では，チノリモから酸素が発生していた。

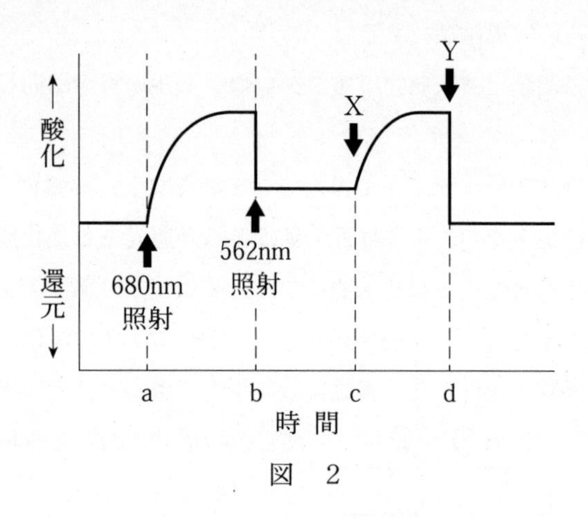

図　2

① 680nm の光は，主に光化学系Ⅰに吸収される。

② 562nm の光は，主に光化学系Ⅱに吸収される。

③ 680nm の光を照射すると，電子がシトクロム f から光化学系Ⅰに送られる。

④ 562nm の光を照射すると，電子が光化学系Ⅱからシトクロム f に送られる。

⑤ 処理 X では，562nm の光照射を停止している。

⑥ 処理 Y では，562nm の光を照射している。

⑦ 時間 a ～ d の範囲のうち，酸素発生速度が最も大きいのは時間 c － d の間である

⑧ 時間 d 以降では，酸素は発生していない。

B　植物Xは，ある(c)呼吸基質を用いて種子発芽に必要なエネルギーを得ている。そこで，植物Xの種子をろ紙の上に蒔いて，一定時間ごとに種子が吸収した酸素量(体積)に対する放出した二酸化炭素量(体積)の割合(CO_2/O_2)を測定した。この結果を図3に示す。なお，植物Xの種子は，嫌気条件下において，アルコール発酵と同じ経路によりATPを合成することができる。

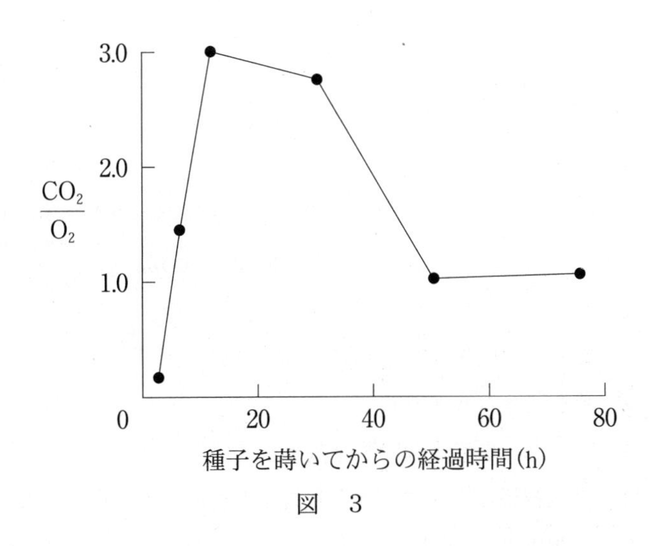

図　3

問４　下線部(c)に関連して，タンパク質を呼吸基質とした場合について，次の記述ⓐ～ⓒのうち，正しいものはどれか。それを過不足なく含むものを，後の ① ～ ⑦ のうちから一つ選べ。［ 5 ］

ⓐ　β酸化によって生じた有機酸がクエン酸回路に入って分解される。
ⓑ　呼吸商は約 0.8 になる。
ⓒ　分解される過程でアンモニアが生じる。

① ⓐ　② ⓑ　③ ⓒ　④ ⓐ，ⓑ
⑤ ⓐ，ⓒ　⑥ ⓑ，ⓒ　⑦ ⓐ，ⓑ，ⓒ

問５　図３の結果から導かれる考察として適当なものを，次の ① ～ ⑦ のうちから二つ選べ。ただし，解答の順序は問わない。［ 6 ］・［ 7 ］

① 炭水化物を主な呼吸基質としている。
② 脂肪を主な呼吸基質としている。
③ タンパク質を主な呼吸基質としている。
④ この結果から，主な呼吸基質は何かを判断することはできない。
⑤ 実験開始 20 時間後にはアルコール発酵と同じ過程で消費された呼吸基質よりも呼吸で消費された呼吸基質の方が多い。
⑥ 実験開始 20 時間後から 40 時間後の間に，アルコール発酵と同じ過程による呼吸基質の消費速度が上昇した。
⑦ 実験開始 60 時間後にはほぼ呼吸のみで ATP を合成している。

（下 書 き 用 紙）

生物の試験問題は次に続く。

第２問　次の文章を読み，後の問い（問１～３）に答えよ。（配点　16）

ヒトの(a)<u>錐体細胞</u>は青錐体細胞，緑錐体細胞，赤錐体細胞の３種類からなり，それぞれ420nm（紫色），530nm（緑色），560nm（黄緑色）の波長の光を最もよく吸収する視物質が存在する。これらはすべて桿体細胞に含まれる視物質である(b)<u>ロドプシン</u>と構造がよく似ているフォトプシンであり，それぞれ紫オプシン，緑オプシン，赤オプシンと呼ばれている。

フォトプシンの種類は動物によって異なり，霊長類を除く哺乳類は２種類のフォトプシンしかもたず，魚類や両生類，は虫類，鳥類は３種類のフォトプシンに加え，青紫オプシンももっている（表１）。さまざまな動物の４種類のフォトプシンおよびロドプシンのアミノ酸配列をもとに作成された分子系統樹を図１に示す。

表　1

	紫オプシン	青紫オプシン	緑オプシン	赤オプシン	ロドプシン
魚　類	＋	＋	＋	＋	＋
両生類	＋	＋	＋	＋	＋
は虫類	＋	＋	＋	＋	＋
鳥　類	＋	＋	＋	＋	＋
哺乳類*	＋	−	−	＋	＋
霊長類	＋	−	＋	＋	＋

*：霊長類を除く　　＋：存在する　　−：存在しない

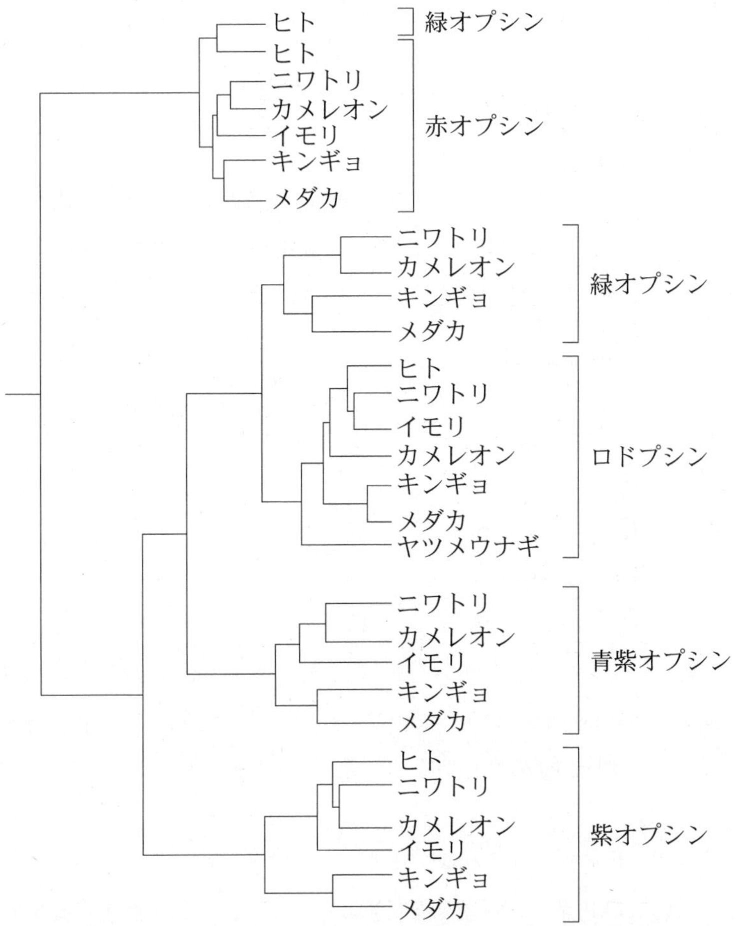

ヒト　緑オプシン
ヒト
ニワトリ
カメレオン
イモリ
キンギョ
メダカ
赤オプシン

ニワトリ
カメレオン
キンギョ
メダカ
緑オプシン

ヒト
ニワトリ
イモリ
カメレオン
キンギョ
メダカ
ヤツメウナギ
ロドプシン

ニワトリ
カメレオン
イモリ
キンギョ
メダカ
青紫オプシン

ヒト
ニワトリ
カメレオン
イモリ
キンギョ
メダカ
紫オプシン

図　1

問１　下線部(a)に関連して，錐体細胞について説明した次の文章中の［ア］・［イ］に入る語句の組合せとして最も適当なものを，後の①～④のうちから一つ選べ。［8］

ヒトが薄暗い場所に入ったとき，錐体細胞と桿体細胞のうち，いち早く感度が上昇するのは［ア］細胞である。また，薄暗い場所に入ってから十分に時間が経過した時点における錐体細胞の感度は，桿体細胞よりも［イ］い。

	ア	イ
①	錐　体	高
②	錐　体	低
③	桿　体	高
④	桿　体	低

問２　下線部(b)について，ロドプシンに関する記述として最も適当なものを，次の①～④のうちから一つ選べ。［9］

①　ロドプシンを構成するオプシンはビタミンＡをもとにつくられる。
②　ロドプシンが光を吸収すると，ロドプシンを構成するオプシンがレチナールから離れる。
③　暗所から明所に入ると，ロドプシンが蓄積するため，まぶしく感じる。
④　暗所ではロドプシンが少ないため，モノが見えにくくなる。

問3　表1と図1の結果から導かれる考察として適当なものを，次の ① ～ ⑦ のうちから二つ選べ。ただし，解答の順序は問わない。
[10]・[11]

① 最初に出現した脊椎動物は夜行性であった。

② 脊椎動物のロドプシンは，脊椎動物の共通祖先から受け継いだものである。

③ 霊長類の紫オプシンは，魚類の紫オプシンとは独立して獲得したものである。

④ 霊長類の祖先から霊長類が分岐する過程で，青紫オプシンを失っている。

⑤ 哺乳類の祖先から哺乳類が分岐する過程で，緑オプシンを獲得している。

⑥ 霊長類の緑オプシンの遺伝子の祖先遺伝子は，赤オプシンの遺伝子である。

⑦ フォトプシンの遺伝子の祖先遺伝子はロドプシンの遺伝子である。

第３問　次の文章を読み，後の問い（問１～３）に答えよ。（配点　12）

北海道の東部に成立している針葉樹林は，多くの地点でアカエゾマツが優占しているが，(a)トドマツとの混交林が長期間みられる場所もある。そこで，アカエゾマツとトドマツの混交林が成立する要因を調べるために，アカエゾマツ林のＡ地点とＢ地点において，トドマツとアカエゾマツの胸高直径と個体群密度（1ha 当たりの個体数）の関係を調べたところ，図１のようになった。

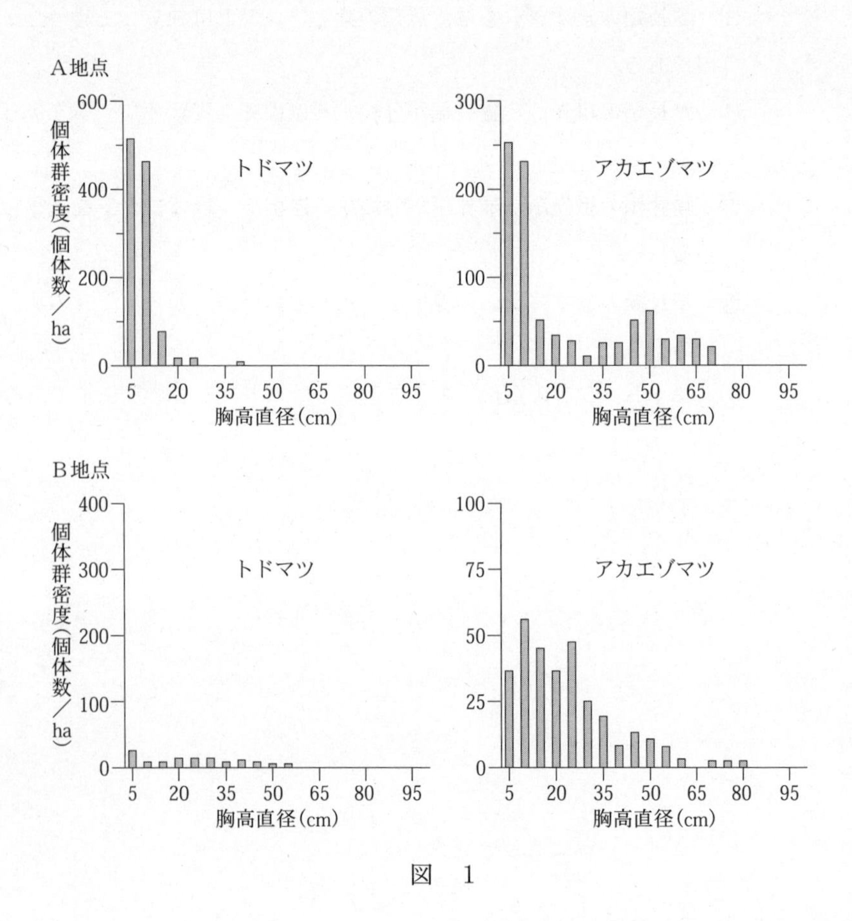

図　１

レムさんとラムさんは，図1について話し合った。

レ　ム：なぜ，アカエゾマツとトドマツの高さを測定せずに，胸高直径を測ったんだろう。

ラ　ム：樹木はあまりに高くて，正確に高さを測定することが困難だからだよ。胸高直径が大きければ樹高が高いってことだから，横軸は樹木の高さに置き換えて見ることができるよ。

レ　ム：なるほど，ということは，A地点とB地点では，明らかにトドマツの幼木の個体群密度が違うね。トドマツは **ア** だから，幼木がアカエゾマツ林の暗い林床では生育できないのかな。

ラ　ム：樹高の高いアカエゾマツはA地点の方が多い，つまりA地点の方が林冠が発達しているから，それは違うだろうね。実は，こんな資料を見つけたんだ。

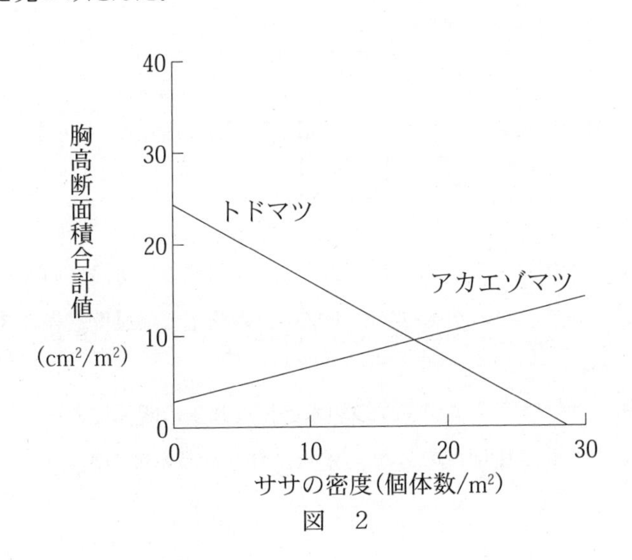

図　2

レ　ム：ササの密度が影響しているのか。トドマツとアカエゾマツは種間競争の関係にあるから，この資料はササの **イ** に対する間接効果を示しているんだね。

ラ　ム：ササの影響を考えれば，トドマツとアカエゾマツの混交林が長期間みられるのも納得がいくね。

問１　会話文中の **ア** ・ **イ** に入る語句の組合せとして最も適当なものを，次の ①～④ のうちから一つ選べ。 **12**

	ア	イ
①	陽　樹	アカエゾマツ
②	陽　樹	トドマツ
③	陰　樹	アカエゾマツ
④	陰　樹	トドマツ

問２　図１と図２から導かれる考察として最も適当なものを，次の ①～④ のうちから一つ選べ。 **13**

① アカエゾマツの幼木はササとの種間競争で排除されやすい。

② トドマツの幼木はアカエゾマツの幼木との種間競争で排除されやすい。

③ ササはアカエゾマツの幼木と相利共生の関係にある。

④ 図１のＢ地点の方がＡ地点よりもササ密度が高い。

問3　下線部(a)に関連して，トドマツとアカエゾマツの混交林が長期間みられる場所に関する合理的な推論として最も適当なものを，次の①～④のうちから一つ選べ。 14

① 林床にササが全く生えない場所。

② 林床全体にササが密生している場所。

③ 林床にササがところどころ密生している場所。

④ 林冠が塞がっていない明るい場所。

第４問　次の文章を読み，後の問い（**問１～３**）に答えよ。（配点　15）

アフリカツメガエルの一次卵母細胞は，多数のろ胞細胞に包まれている。ろ胞細胞には細胞Ａと細胞Ｂの２種類があり，これらの細胞はそれぞれホルモンＡとホルモンＢを分泌する。一次卵母細胞は(a)減数分裂第一分裂の前期で一度分裂を停止し，繁殖期になると減数分裂を再開して，二次卵母細胞となる。この減数分裂の再開には，脳下垂体から分泌される生殖腺刺激ホルモン（GTH）が関与することが知られている。そこで，アフリカツメガエルを用いて，**実験１・実験２**を行った。

問１　下線部(a)について，減数分裂第一分裂の前期に関する記述として**誤っているもの**を，次の ①～④ のうちから一つ選べ。［15］

① 相同染色体が対合している。
② 紡錘体が形成され，染色体が紡錘体の赤道面に並ぶ。
③ 核膜と核小体が消失する。
④ クロマチン繊維が折りたたまれ，染色体が凝縮する。

実験１　アフリカツメガエルの一次卵母細胞をろ胞細胞（細胞Ａ，細胞Ｂ）がついたまま取り出し，GTHを添加したところ，一次卵母細胞は減数分裂を再開した。

問2　**実験1**について，「一次卵母細胞が減数分裂を再開したのは，添加したGTHが原因であるが，添加したGTHは一次卵母細胞の減数分裂の再開には直接働かない」という仮説を立てた。これらのことを確かめるために追加する実験として**適当ではないもの**を，次の①～④のうちから一つ選べ。 16

① ろ胞細胞のみを取り出し，GTHを添加する。
② 一次卵母細胞のみを取り出し，GTHを添加する。
③ 一次卵母細胞のみを取り出し，GTHを添加しない。
④ 一次卵母細胞をろ胞細胞がついたまま取り出し，GTHを添加しない。

実験2　ろ胞細胞を構成するA細胞，B細胞，および一次卵母細胞を組み合わせて，GTHやホルモンA，ホルモンBを添加し，減数分裂が再開するかどうかを調べた。この結果を表1に示す。

表　1

細胞の組合せ	添加する物質	減数分裂の再開
A細胞，一次卵母細胞	なし	×
B細胞，一次卵母細胞	なし	×
A細胞，一次卵母細胞	GTH	×
B細胞，一次卵母細胞	GTH	×
一次卵母細胞	ホルモンA	○
一次卵母細胞	ホルモンB	×

○：再開した　×：再開しなかった

問３　**実験１**と**実験２**の結果から導かれる考察として適当なものを，次の①～⑧のうちから二つ選べ。ただし，解答の順序は問わない。

| 17 | ・ | 18 |

① GTH は A 細胞に働き，ホルモン A の分泌を促進する。
② GTH は A 細胞に働き，ホルモン A の分泌を抑制する。
③ GTH は B 細胞に働き，ホルモン B の分泌を促進する。
④ GTH は B 細胞に働き，ホルモン B の分泌を抑制する。
⑤ ホルモン A は B 細胞に働き，ホルモン B の分泌を促進する。
⑥ ホルモン A は B 細胞に働き，ホルモン B の分泌を抑制する。
⑦ ホルモン B は A 細胞に働き，ホルモン A の分泌を促進する。
⑧ ホルモン B は A 細胞に働き，ホルモン A の分泌を抑制する。

（下 書 き 用 紙）

生物の試験問題は次に続く。

第５問　次の文章を読み，後の問い(**問１～３**)に答えよ。(配点　12)

(a)遺伝子に突然変異が生じた場合，その変異が生存や繁殖に有利な場合がある。このような突然変異が生じた個体は次世代に子を残しやすいので，世代を重ねるごとにこの遺伝子をもつ個体が集団の中で増加していく自然選択が起こる。

突然変異と自然選択の例として，ガの一種であるオオシモフリエダシャクの工業暗化という現象が知られている。オオシモフリエダシャクの体色は，野生型が明色型であり，優性の突然変異により生じた変異型が暗色型である。(b)産業革命以前のイギリスでは，木の幹に白っぽい地衣類が生えていたが，工業化に伴う煤煙の影響で地衣類が減少し，この結果，オオシモフリエダシャクの暗色型の割合が増加していった。

問１　下線部(a)に関連して，ある遺伝子に１塩基の置換が起こった場合，この遺伝子がコードしているタンパク質のアミノ酸配列の変化として**誤っているもの**を，次の ①～④ のうちから一つ選べ。ただし，１塩基の変化によって，もともと存在する開始コドンや終止コドンには変化がなかったものとする。 19

① アミノ酸配列は変化しない。
② 特定の１個のアミノ酸が他のアミノ酸に変化する。
③ アミノ酸配列が短くなる。
④ 置換の起こった部位以降のアミノ酸配列が大きく変化する。

問2　下線部(b)に関連して，表1は，イギリスのあるA地点とB地点で，暗色型のガを標識して放し，一定期間後にどのくらいの割合で再捕獲できるかを実験した結果である。表1の結果に関する次の考察文中の［ア］・［イ］に入る語句の組合せとして最も適当なものを，後の①～④のうちから一つ選べ。［20］

表　1

調査地	標識して放した個体	再捕獲した標識個体
A地点	154	82
B地点	473	30

A地点とB地点で暗色型の再捕獲率を比較すると，［ア］地点の方が高いことから，工業化が進んでいるのは［イ］地点の方であると考えられる。

	ア	イ
①	A	A
②	A	B
③	B	A
④	B	B

問３　図１は，イギリスのあるＣ地点における，冬の平均煤煙量(μg)とオオシモフリエダシャクの暗色型の割合(%)の推移を示したものである。この地点では，1961 年に暗色型の割合は約 96％であったが，1996 年には約 50％にまで低下した。図１に関する後の記述ⓐ～ⓒのうち，正しいものはどれか。それを過不足なく含むものを，後の ① ～ ⑦ のうちから一つ選べ。 21

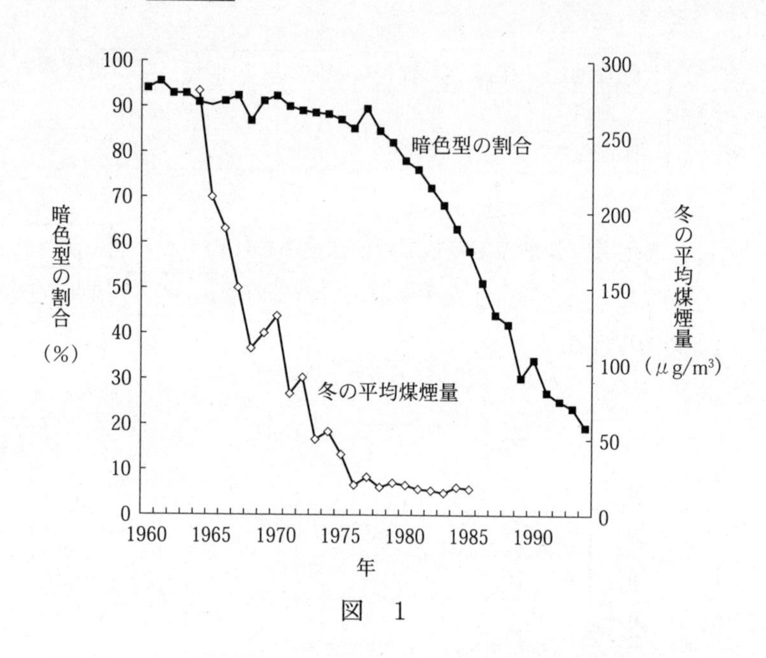

図　1

ⓐ　1961 年に，この体色の遺伝子についてハーディ・ワインベルグの法則が成り立つと仮定した場合，暗色型の遺伝子頻度は約 0.8 である。

ⓑ　樹木の幹に地衣類が生育するようになるまでには十数年かかる。

ⓒ　冬の平均煤煙量の減少にともなって，鳥は，明色型よりも暗色型を多く食べるようになっている。

① ⓐ　② ⓑ　③ ⓒ　④ ⓐ，ⓑ
⑤ ⓐ，ⓒ　⑥ ⓑ，ⓒ　⑦ ⓐ，ⓑ，ⓒ

（下 書 き 用 紙）

生物の試験問題は次に続く。

第６問　次の文章（A・B）を読み，後の問い（問１～４）に答えよ。（配点　19）

A　ある真核生物のタンパク質Xのアミノ酸配列をコードする遺伝子Xを含むDNA領域と，(a)このDNAをもとに合成されたmRNAを用意した。まず，２本鎖DNAを加熱して１本鎖にし，徐々に冷却しながらmRNAを加えた。これによって，１本鎖DNAとmRNAの間に結合が生じる。このようにして生じた複合体を，DNA－mRNAハイブリッドという。このDNA－mRNAハイブリッドを電子顕微鏡で観察したところ，図１のようになった。ただし，mRNA前駆体からmRNAが生じる過程で，mRNAの3'末端にはAAAA…というAの反復配列が付加されることが知られている。

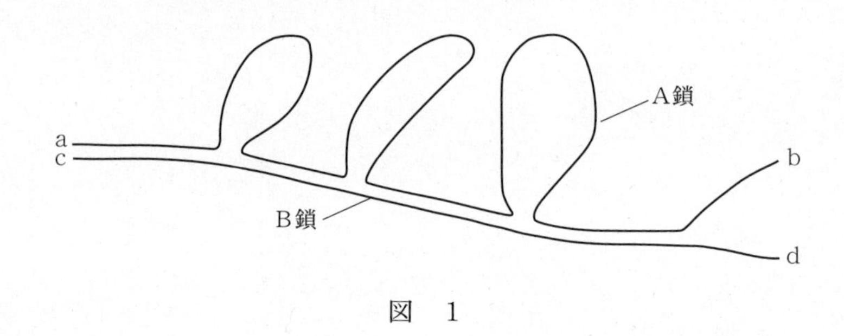

図　1

問1 下線部(a)に関連して，DNAをもとにmRNAが合成される過程を説明した次の文章中の ア ～ ウ に入る語句や文の組合せとして最も適当なものを，後の①～⑧のうちから一つ選べ。 22

まず，転写の過程でRNAポリメラーゼがDNAのアンチセンス鎖を鋳型にしてmRNA前駆体を ア 方向に合成する。次に，mRNA前駆体から イ が切り取られる ウ が起こり，mRNAが完成する。

	ア	イ	ウ
①	5' 側から 3' 側	エキソン	遺伝子の再編成
②	5' 側から 3' 側	エキソン	スプライシング
③	5' 側から 3' 側	イントロン	遺伝子の再編成
④	5' 側から 3' 側	イントロン	スプライシング
⑤	3' 側から 5' 側	エキソン	遺伝子の再編成
⑥	3' 側から 5' 側	エキソン	スプライシング
⑦	3' 側から 5' 側	イントロン	遺伝子の再編成
⑧	3' 側から 5' 側	イントロン	スプライシング

問2 図1に関する記述として適当なものを，次の①～⑥のうちから二つ選べ。ただし，解答の順序は問わない。 23 ・ 24

① A鎖は遺伝子Xのセンス鎖のDNA領域である。
② B鎖は遺伝子Xのアンチセンス鎖のDNA領域である。
③ 遺伝子XのmRNAの5' 末端はdである。
④ 遺伝子XのDNA領域の3' 末端はaである。
⑤ 遺伝子Xのエキソンは四つである。
⑥ 遺伝子Xのイントロンは四つである。

B　大腸菌の(b)ラクトースオペロンは，ラクトース分解酵素であるβ-ガラクトシダーゼを含めた３種類の酵素をコードする遺伝子群からなる。野生型の大腸菌をグルコースとラクトースを含む培養液中で培養すると，培養液中のグルコース濃度，ラクトース濃度，β-ガラクトシダーゼ濃度，累積ATP合成量は，時間経過にしたがって図２のように変化した。

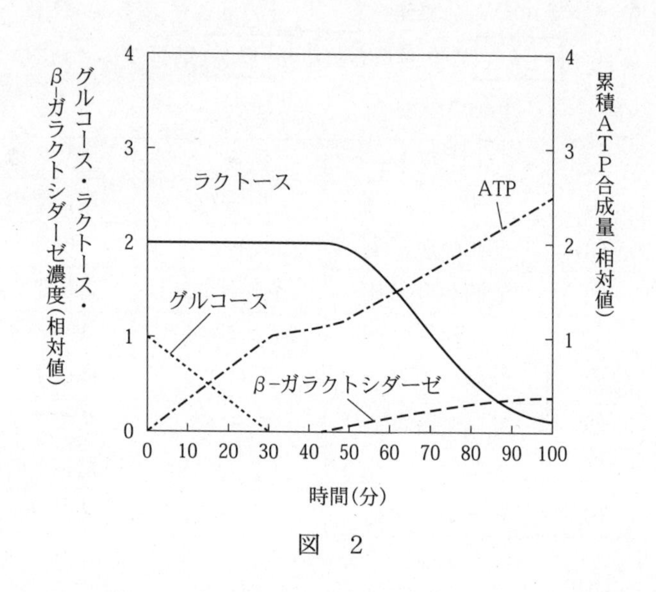

図　2

問３　下線部(b)に関連して，大腸菌のラクトースオペロンに関する記述として**誤っているもの**を，次の①～④のうちから一つ選べ。　25

①　オペレーターはプロモーターの下流に存在する。

②　調節遺伝子はプロモーターの上流に存在する。

③　調節タンパク質がオペレーターに結合することで，RNAポリメラーゼがプロモーターに結合し，３種類の酵素をコードする遺伝子群がまとめて転写される。

④　転写されている途中のmRNAにリボソームが結合し，翻訳が行われる。

問4　図2の結果から導かれる考察として最も適当なものを，次の ①～④ のうちから一つ選べ。 **26**

① グルコースの有無に関係なく，培地にラクトースがあれば，3種類の酵素の遺伝子の転写が開始される。

② ラクトースの有無に関係なく，培地にグルコースがあれば，3種類の酵素の遺伝子の転写が開始される。

③ 培地にグルコースが存在している場合，ラクトースオペロンのプロモーターにRNAポリメラーゼが結合できない。

④ ラクトースオペロンがはたらいていないときには，呼吸基質の分解によってATPを合成することができない。

第3回

理科②〔生　物〕

（60分　100点）

注 意 事 項

1 解答用紙に，正しく記入・マークされていない場合は，採点できないことがあります。特に，解答用紙の**解答科目欄にマークされていない場合又は複数の科目にマークされている場合は，0点**となります。

2 試験中に問題冊子の印刷不鮮明，ページの落丁・乱丁及び解答用紙の汚れ等に気付いた場合は，手を高く挙げて監督者に知らせなさい。

3 解答は，解答用紙の解答欄にマークしなさい。例えば，［10］と表示のある問いに対して③と解答する場合は，次の（例）のように**解答番号10の解答欄の③にマーク**しなさい。

（例）

解答番号	解　答　欄
10	① ② ● ④ ⑤ ⑥ ⑦ ⑧ ⑨ ⓪ ⓐ ⓑ

4 問題冊子の余白等は適宜利用してよいが，どのページも切り離してはいけません。

5 **不正行為について**

① 不正行為に対しては厳正に対処します。

② 不正行為に見えるような行為が見受けられた場合は，監督者がカードを用いて注意します。

③ 不正行為を行った場合は，その時点で受験を取りやめさせ退室させます。

6 試験終了後，問題冊子は持ち帰りなさい。

生　物

（解答番号 1 ～ 27 ）

第１問　次の文章（A・B）を読み，後の問い（問１～７）に答えよ。

（配点　26）

A　(a) DNAの複製は，複製開始点と呼ばれる塩基配列から進行する。どのようにDNAの複製が行われるかを調べるために，ある哺乳類の培養細胞，およびDNAの構成成分であるチミジン（チミン＋デオキシリボース）の類似体である物質X，物質Yを用いて，**実験１**を行った。ただし，物質X，物質YはどちらもDNAの複製時にチミジンの代わりにDNAの新生鎖に取り込まれる。

実験１　盛んに細胞分裂を行う培養細胞に物質Xを与えて15分培養した。その後，物質Xを培養液から除去し，すぐに物質Yを培養液に加えてさらに15分培養した。その後，DNAを単離して，物質Xに特異的に結合する緑色蛍光色素，および物質Yに特異的に結合する赤色蛍光色素を加えたところ，DNAの一部で，図１のような蛍光パターンが観察された。

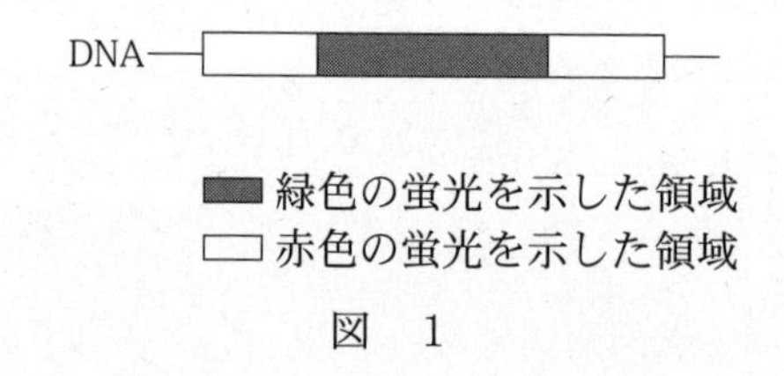

図　1

問1 下線部(a)について，真核生物のDNAの複製に関する記述として最も適当なものを，次の①～④のうちから一つ選べ。 1

① DNAの複製は，細胞周期のG_1期のはじめに開始され，G_2期の終わりに終了する。

② 岡崎フラグメントがみられるのは，リーディング鎖である。

③ DNAポリメラーゼは，新生鎖の5'から3'方向にヌクレオチド鎖を伸長させていく。

④ DNAの複製には，短い1本鎖DNAからなるプライマーが必要である。

問2 図1中に複製開始点は1カ所存在する。図1を転載した次の図のⓐ～ⓓのうち，複製開始点の位置として可能性のあるものはどれか。その組合せとして最も適当なものを，後の①～⑦のうちから一つ選べ。
2

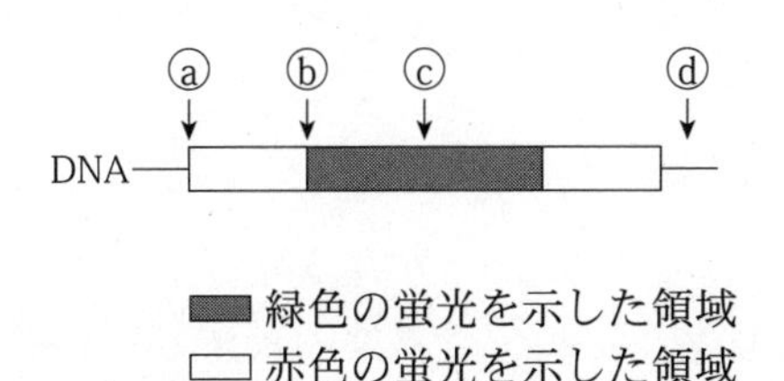

① ⓐ	② ⓑ	③ ⓒ	④ ⓓ
⑤ ⓐ，ⓑ	⑥ ⓑ，ⓒ	⑦ ⓒ，ⓓ	

問３　**実験１**では，DNAのさまざまな部分で，緑色蛍光と赤色蛍光が見られた。次のⓔ～ⓖの図のうち，DNA中に見られる緑色蛍光と赤色蛍光のパターンとして正しいものはどれか。その組合せとして最も適当なものを，後の ① ～ ⑦ のうちから一つ選べ。　**3**

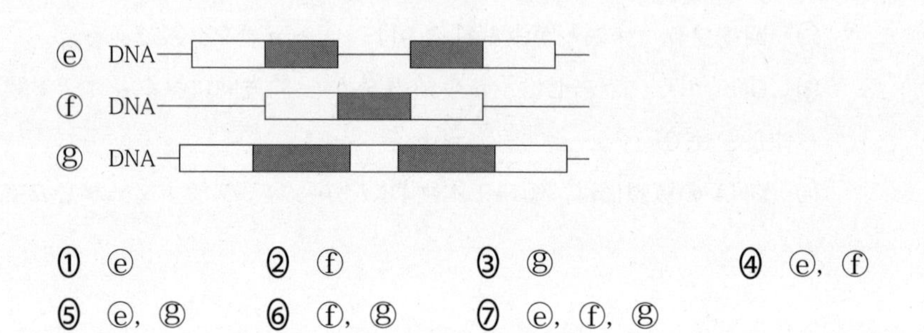

① ⓔ　　② ⓕ　　③ ⓖ　　④ ⓔ，ⓕ
⑤ ⓔ，ⓖ　　⑥ ⓕ，ⓖ　　⑦ ⓔ，ⓕ，ⓖ

B (b)大腸菌は生育にグルコースを必要とするが，グルコースがなくラクトースがある培地でも生育できる。β-ガラクトシダーゼによって分解されることで青色の分解産物に変化する物質Xを用いて，**実験2**を行った。

実験2 大腸菌をA～Cの3つのグループに分けた。培地にグルコース，ラクトース，物質Xを組み合わせて添加し，寒天培地上で各グループの大腸菌を培養し，寒天培地上に現れたコロニーの色を観察した。培地の組成と生じたコロニーの色を表1に示す。なお，物質Xは大腸菌の細胞膜を透過する性質をもつ。

表 1

	グループ		
	A	B	C
グルコース	−	−	+
ラクトース	−	+	+
物質X	+	+	+
コロニーの色	ウ	エ	白

+ 物質を添加している − 物質を添加していない

問4 下線部(b)について，大腸菌に関する記述として**誤っているもの**を，次の①～④のうちから一つ選べ。 4

① 古細菌に属する。

② 環状DNAをもつ。

③ ペプチドグリカンからなる細胞壁をもつ。

④ DNAは細胞質中に存在する。

問５　ラクトースオペロンに関する次の文章中の［ア］・［イ］に入る語句や文の組合せとして最も適当なものを，後の①～④のうちから一つ選べ。［５］

培地中に含まれるラクトースが大腸菌に取り込まれると，細胞内で代謝され，構造が変化した代謝産物となる。これがリプレッサーに結合すると，リプレッサーは［ア］，RNA ポリメラーゼがプロモーターに結合するようになって，β-ガラクトシダーゼの遺伝子を含む遺伝子群がまとめて［イ］されるようになる。

	ア	イ
①	オペレーターに結合し	転　写
②	オペレーターに結合し	翻　訳
③	オペレーターから離れ	転　写
④	オペレーターから離れ	翻　訳

問６　表１中の［ウ］・［エ］に入る語句の組合せとして最も適当なものを，次の①～④のうちから一つ選べ。［６］

	ウ	エ
①	白	白
②	白	青
③	青	白
④	青	青

問7　**実験2**に関する次の記述ⓗ～ⓙのうち，正しい説明はどれか。その組合せとして最も適当なものを，後の①～⑦のうちから一つ選べ。

7

ⓗ　β-ガラクトシダーゼが合成されているのは，グループBとグループCである。

ⓘ　培地中にグルコースが存在すると，RNAポリメラーゼはβ-ガラクトシダーゼ遺伝子を含む遺伝子群のプロモーターに結合できなくなる。

ⓙ　グループBでは，RNAポリメラーゼはβ-ガラクトシダーゼ遺伝子を含む遺伝子群のプロモーターに結合している。

① ⓗ　② ⓘ　③ ⓙ　④ ⓗ，ⓘ
⑤ ⓗ，ⓙ　⑥ ⓘ，ⓙ　⑦ ⓗ，ⓘ，ⓙ

第２問　次の文章を読み，後の問い(**問１～４**)に答えよ。(配点　18)

(a)神経系を構成する基本単位は(b)ニューロン(神経細胞)である。静止状態のニューロンに刺激を与えると膜電位が上昇した後に低下する。この膜電位の変化は細胞膜を介したイオンの移動によって起こる。イオンはプラスもしくはマイナスの電荷を帯びているので，イオンが細胞膜を移動すると，そのイオンの移動により細胞膜を横切る電流が生じる。これを膜電流という。この膜電流とイオンの移動の関係を調べるために，**実験１・実験２**を行った。

問１　下線部(a)について，神経系に関する記述として**誤っているもの**を，次の ①～④ のうちから一つ選べ。［８］

① 運動神経は骨格筋とシナプスを形成している。
② 脊椎動物の中枢神経系は，発生過程で生じる神経管に由来する。
③ 自律神経系のうち，副交感神経は皮膚の血管には分布していない。
④ 皮膚に存在する感覚神経の細胞体は，皮膚に存在している。

問２　下線部(b)に関連して，有髄神経繊維について説明した次の文章中の［ア］・［イ］に入る語句や文の組合せとして最も適当なものを，後の ①～④ のうちから一つ選べ。［９］

有髄神経繊維には，電気を［ア］髄鞘が存在するため，興奮は［イ］を飛び越えて伝導する。

	ア	イ
①	よく通す	髄　鞘
②	よく通す	髄鞘と髄鞘の間
③	通さない	髄　鞘
④	通さない	髄鞘と髄鞘の間

実験1　イカから巨大ニューロンを取り出し，生理的食塩水中で軸索内に微小電極を挿入して，膜電位が静止電位の－70mV から＋30mV になるように電圧を一定時間固定して電流を流し続け，膜電流を計測した。この結果を図1に示す。ただし，図中の＋と－は膜電流の流れる方向を示し，膜電流が細胞の内側から外側に流れる方向を＋，膜電流が細胞の外側から内側に流れる方向を－で示している。

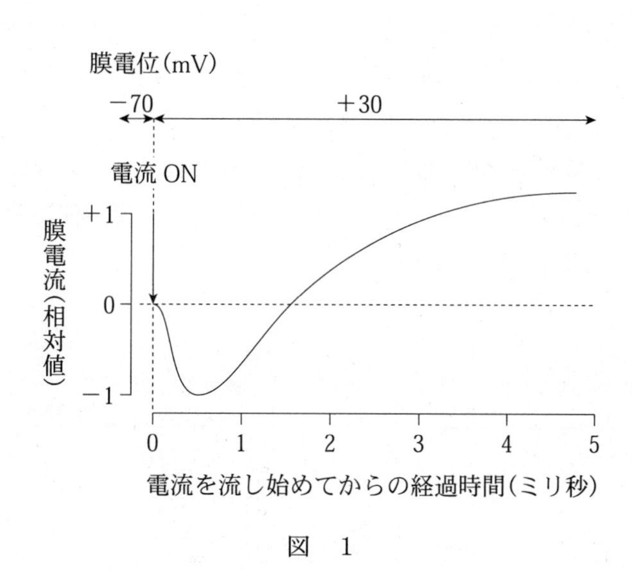

図　1

問３　活動電位の発生は，Na^+とK^+の移動で説明される。このことと，**実験１**の結果から考察した次の記述ⓐ～ⓒのうち，正しいものはどれか。それを過不足なく含むものを，後の ① ～ ⑦ のうちから一つ選べ。

10

ⓐ　電流を流してから0.5ミリ秒の間に，軸索内のNa^+濃度は上昇している。

ⓑ　Na^+の細胞内への流入速度はK^+の細胞外への流出速度よりも大きい。

ⓒ　ナトリウムチャネルはカリウムチャネルよりも開いている時間が短い。

① ⓐ　② ⓑ　③ ⓒ　④ ⓐ，ⓑ
⑤ ⓐ，ⓒ　⑥ ⓑ，ⓒ　⑦ ⓐ，ⓑ，ⓒ

実験２　**実験１**で用いた生理的食塩水に物質Ａまたは物質Ｂを添加して，**実験１**と同様にニューロンに一定時間電流を流し，膜電流を測定した。これらの結果をそれぞれ図２と図３に示す。

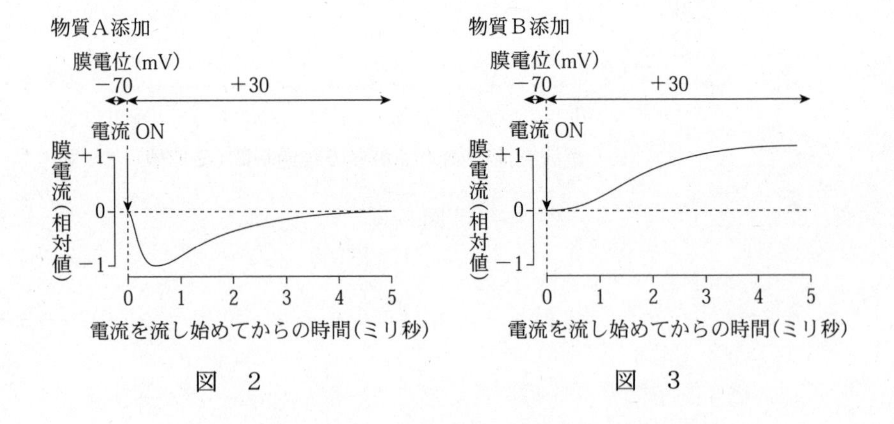

図　２　　　　図　３

問4　**実験1・実験2**の結果から導かれる考察として適当なものを，次の①～⑦のうちから二つ選べ。ただし，解答の順序は問わない。

11 ・ 12

① 物質Aは，ナトリウムチャネルが閉じるのを阻害するが，カリウムチャネルが開くのを阻害しない。

② 物質Aは，ナトリウムチャネルが開くのを阻害するが，カリウムチャネルが閉じるのを阻害しない。

③ 物質Bは，ナトリウムチャネルが開くのを阻害するが，カリウムチャネルが開くのを阻害しない。

④ 物質Bは，ナトリウムチャネルが閉じるのを阻害するが，カリウムチャネルが開くのを阻害しない。

⑤ カリウムチャネルが開くためには，ナトリウムチャネルが開く必要がある。

⑥ カリウムチャネルが開くためには，ナトリウムチャネルが開く必要はない。

⑦ ナトリウムチャネルが開くためには，カリウムチャネルが開く必要がある。

⑧ ナトリウムチャネルが閉じるためには，カリウムチャネルが閉じる必要がある。

第3問　次の文章を読み，後の問い（問1～3）に答えよ。（配点　11）

表1は，さまざまな動物群とHox遺伝子群の数についてまとめたものである。この表1について，マオさんとエミさんはディスカッションを行った。

表　1

動　物	Hox遺伝子群の数
ナメクジウオ	1
ヤツメウナギ	2
シーラカンス	4
軟骨魚類	4
四肢動物	4
ほとんどの硬骨魚類	7

マ　オ：Hox遺伝子群は，動物に共通の，ショウジョウバエの［ア］遺伝子と似た塩基配列をもつ遺伝子が一つの染色体に集まったものでいいよね。

エ　ミ：そうだね，それでいいと思う。［ア］遺伝子は，ショウジョウバエの場合，［イ］遺伝子，次いで［ウ］遺伝子が働いた後に働くんだよね。

マ　オ：うん，確かにそうだ，思い出したよ。ところで，もらった表の(a)ナメクジウオとヤツメウナギのHox遺伝子群の数が違うのだけど，なぜだろう。

エ　ミ：遺伝子群の重複が起こったと考えたらいいんじゃないかな。

マ　オ：なるほど。この表を見ていると，どのような進化が起こったか興味深いね。特にシーラカンス。シーラカンスは確か硬骨魚類だったかな。

エ　ミ：一応，硬骨魚類に分類されるのだけれど，全身の骨格の大半は軟骨で占められるらしいよ。

マ　オ：すると，原始的な硬骨魚類という位置づけになるね。

エ　ミ：表の動物の共通祖先がHox遺伝子群を１個もっていたとすると，軟骨魚類から分岐したすべての硬骨魚類の共通祖先はHox遺伝子群を［エ］個もっていたと考えられるね。

マ　オ：うん。さらに，硬骨魚類の共通祖先からシーラカンスや四肢動物に至るグループと，それ以外のほとんどの硬骨魚類に至るグループに分岐したということが分かるね。

エ　ミ：ということは，硬骨魚類の共通祖先から現存するほとんどの硬骨魚類に至る過程では，［オ］が起こったと考えられるね。

問１　上の会話文中の［ア］～［ウ］に入る語句の組合せとして最も適当なものを，次の①～⑥のうちから一つ選べ。［13］

	ア	イ	ウ
①	ホメオティック	母性効果	分　節
②	ホメオティック	分　節	母性効果
③	母性効果	分　節	ホメオティック
④	母性効果	ホメオティック	分　節
⑤	分　節	母性効果	ホメオティック
⑥	分　節	ホメオティック	母性効果

問２　下線部(a)について，ナメクジウオとヤツメウナギに関する記述として**誤っているもの**を，次の①～④のうちから一つ選べ。［14］

① ナメクジウオは脊椎をもたないが，ヤツメウナギは脊椎をもつ。

② ヤツメウナギには顎があるが，ナメクジウオには顎がない。

③ どちらもうきぶくろをもたない。

④ どちらも発生過程で脊索を形成する。

問３　上の会話文中の　エ　・　オ　に入る語句や文章の組合せとして最も適当なものを，次の ①～④ のうちから一つ選べ。　15

	エ	オ
①	2	1個のHox遺伝子群が6回重複
②	2	すべてのHox遺伝子群が2回重複して 1個のHox遺伝子群が欠失
③	4	2個のHox遺伝子群が2回重複して 1個のHox遺伝子群が欠失
④	4	すべてのHox遺伝子群が1回重複して 1個のHox遺伝子群が欠失

（下 書 き 用 紙）

生物の試験問題は次に続く。

第４問　次の文章を読み，後の問い（問１～３）に答えよ。（配点　16）

(a)ヒトの耳の内耳には，音波を受容する(b)うずまき管と呼ばれる聴覚器が存在する。

聴力のレベルが正常な健康な人および被験者Ａと被験者Ｂに対して聴力検査（音の周波数を変え，それらの音を認識できた最小の音の大きさを調べる検査）を行った。この聴力検査では，次の２つの音について調べた。これらの結果を図１に示す。

気導音：音波を耳に当てたヘッドフォンを介して聞き取る音。

骨導音：耳の後方に振動を発生する特殊な装置を貼り付けて聞き取る音で，頭蓋骨を介して内耳のうずまき管に直接伝わる。

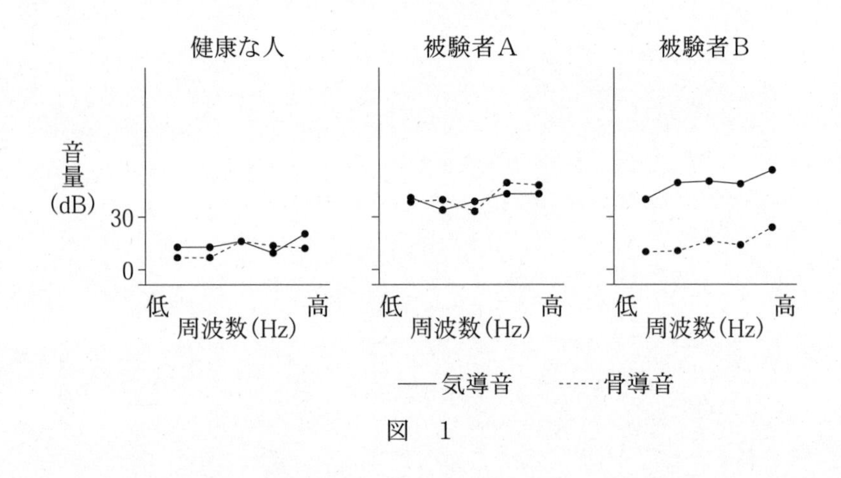

図　1

問1 下線部(a)に関連して，ヒトの耳に関する記述として最も適当なものを，次の ① ～ ④ のうちから一つ選べ。 16

① 鼓膜の振動は耳小骨に伝わるが，この間に振動は減衰する。
② ユースタキー管(耳管)は気管支につながっており，鼓膜内外の圧力を一定に保つ働きをもつ。
③ からだが回転すると半規管内のリンパ液が流動して，有毛細胞の感覚毛が倒れることで回転運動の感覚が生じる。
④ 前庭では，からだが傾くと平衡石(耳石)がずれることで平衡神経細胞の感覚毛が刺激され，からだの傾きを認識する。

問2 下線部(b)に関連して，うずまき管に関する記述として**誤っているもの**を，次の ① ～ ④ のうちから一つ選べ。 17

① うずまき管内では，音の周波数が異なると振動する基底膜の位置が変化する。
② 基底膜の振動はリンパの振動として聴細胞に伝わる。
③ うずまき管は前庭や半規管とともに内耳を形成している。
④ うずまき管内において，音波によって生じたリンパの振動は卵円窓から前庭階に入り，鼓室階から出る。

問３　被験者A，被験者Bについて，図１の結果から導かれる考察として最も適当なものを，次の ① ～ ⑥ のうちからそれぞれ一つずつ選べ。
被験者A［18］　被験者B［19］

① 外耳もしくは中耳の機能が健康な人よりも高い。
② 外耳もしくは中耳の機能が健康な人よりも低い。
③ 内耳の機能が健康な人よりも高い。
④ 内耳の機能が健康な人よりも低い。
⑤ 外耳もしくは中耳の機能が健康な人よりも高く，さらに内耳の機能も健康な人よりも高い。
⑥ 外耳もしくは中耳の機能が健康な人よりも低く，さらに内耳の機能も健康な人よりも低い。

（下　書　き　用　紙）

生物の試験問題は次に続く。

第５問　次の文章を読み，後の問い（問１～３）に答えよ。（配点　11）

生物の個体群密度はさまざまな影響で変化する。個体群が成長すると，個体数はその環境収容力に近づく。これは，資源をめぐる個体間の競争が激化して，出生率の低下や死亡率の上昇がみられるためである。また，(a)トノサマバッタでは幼虫の個体群密度が低密度の環境下と高密度の環境下で成虫の形態や生理活性が大きく異なることが知られている。

外部環境と面積がほぼ同じ離れた四つの無人島Ⅰ～Ⅲで，調査区（Ⅰ～Ⅲ）をそれぞれ設定し，(b)標識再捕法によって $0.1\mathrm{km}^2$ 当たりの小動物Ｘの個体数調査を行った。この結果を表１に示す。また，調査区Ⅰ～Ⅲにおいて，1990年と2000年の個体の体重を調査し，各調査区における各年の個体の平均体重(g)を算出した。この結果を表２に示す。

表　1

	個体数	
調査区	1990年	2000年
Ⅰ	ア	99
Ⅱ	236	176
Ⅲ	385	406

表　2

	個体の平均体重(g)	
調査区	1990年	2000年
Ⅰ	88	85
Ⅱ	60	67
Ⅲ	53	51

問1　下線部(a)について，トノサマバッタにおいて孤独相と比較した場合の群生相の特徴として**誤っているもの**を，次の ① ～ ④ のうちから一つ選べ。 [20]

① 長い前翅をもつ。
② 短い後脚をもつ。
③ 体色は緑色である。
④ 産卵数が少ない。

問2　下線部(b)について，1990 年の調査区Ⅰでは，24 個体の小動物Xを捕獲して，すべての個体に標識して同じ調査画内に放した。個体が区画内に十分に分散した後に 40 個体を捕獲したところ，標識されている個体は 10 個体であった。この調査結果から推定される，表 1 中の [ア] に入る数値として最も適当なものを，次の ① ～ ⑤ のうちから一つ選べ。
[21] 個体

① 10　　② 24　　③ 40　　④ 48　　⑤ 96

問３　表１と表２に関する次の考察文中の［イ］～［エ］に入る語句の組合せとして最も適当なものを，後の①～⑧のうちから一つ選べ。［22］

調査区［イ］では，1990年～2000年の間に食物が増加し，個体数が［ウ］したことで，１個体当たりの食物が［エ］したと考えられる。

	イ	ウ	エ
①	Ⅱ	増　加	増　加
②	Ⅱ	増　加	減　少
③	Ⅱ	減　少	増　加
④	Ⅱ	減　少	減　少
⑤	Ⅲ	増　加	増　加
⑥	Ⅲ	増　加	減　少
⑦	Ⅲ	減　少	増　加
⑧	Ⅲ	減　少	減　少

（下 書 き 用 紙）

生物の試験問題は次に続く。

第６問 次の文章を読み，後の問い（問１～５）に答えよ。（配点　18）

あるユリ科の植物Aは，(a)種子，もしくは「むかご」という肥大化した芽によって増殖する。植物Aは絶滅危惧種であり，ところどころに小さな個体群が点在している。ある地域の植物Aの個体群が(b)遺伝的多様性を保った集団なのか，(c)近親交配が進行した集団なのかを調べるために，マイクロサテライトというDNAの塩基配列を解析した。

マイクロサテライトとは，TATATA…やAGAGAG…など染色体中の特定の位置に見られる繰り返しの塩基配列であり，この繰り返し回数は個体によって異なる。例えば，ある特定位置のTAの繰り返し回数に着目すると，ある個体Xでは相同染色体の片方では３回であり，もう片方では４回の場合もあれば，別の個体Yでは相同染色体の片方では２回，もう片方も２回の場合もある。この繰り返し回数を対立遺伝子とみなすと，個体Xはヘテロ接合体，個体Yはホモ接合体である。

そこで，植物Aのある地域の個体群のマイクロサテライトについて，**調査１**を行った。

問1　下線部(a)に関連して，植物Aの繁殖に関する次の記述ⓓ～ⓕのうち，正しいものはどれか。それを過不足なく含むものを，後の①～⑦のうちから一つ選べ。 23

ⓓ　種子で増える方がむかごで増えるよりも，植物Aの遺伝的多様性が高い。
ⓔ　昆虫がいない地域は昆虫のいる地域に比べて，植物Aの遺伝的多様性が高い。
ⓕ　環境が変化したときは，種子で増える方がむかごで増えるよりも生存や繁殖に有利である。

①　ⓓ　　②　ⓔ　　③　ⓕ　　④　ⓓ，ⓔ
⑤　ⓓ，ⓕ　　⑥　ⓔ，ⓕ　　⑦　ⓓ，ⓔ，ⓕ

問2　下線部(b)に関連して，ハーディ・ワインベルグの法則が成り立っている集団では，遺伝的多様性が保たれている。ハーディ・ワインベルグの法則が成り立っているある集団の遺伝子座Aについて，A1，A2，A3の頻度が，それぞれ $\frac{1}{3}$ の場合，集団中のヘテロ接合度(ヘテロ接合体の割合)の理論値として最も適当なものを，次の①～⑤のうちから一つ選べ。 24

①　$\frac{1}{9}$　　②　$\frac{2}{9}$　　③　$\frac{1}{3}$　　④　$\frac{4}{9}$　　⑤　$\frac{2}{3}$

問３　下線部(c)に関連して，ある植物では，他家受精と自家受精の両方で種子を形成する。この植物の集団で，何らかの原因で自家受精しかできなくなった場合に予想されることとして**誤っているもの**を，次の①～④のうちから一つ選べ。　**25**

① ヘテロ接合度が低下する。
② 遺伝的浮動が起こりやすくなる。
③ 環境が変化した場合に生き残る個体が生じる可能性が低くなる。
④ 生存や繁殖に不利な劣性遺伝子が発現する確率が高くなる。

調査１：46 個体の四つの遺伝子座（A ～ D）のマイクロサテライトを調べて，対立遺伝子数，およびヘテロ接合度を実測値として算出した。また，この個体群でハーディ・ワインベルグの法則が成り立つと仮定した場合のヘテロ接合度の理論値も算出した。この結果を表１に示す。ただし，表１中の対立遺伝子数とは，個体群中のマイクロサテライトの塩基配列の繰り返し回数の違いのことである。例えば，先に述べた個体Ｘと個体Ｙを合わせたTAの繰り返し回数は２回，３回，４回の３種類あるので，対立遺伝子数は３となる。

表　1

遺伝子座	対立遺伝子数	ヘテロ接合度（実測値）	ヘテロ接合度（理論値）
A	7	0.74	0.77
B	16	0.63	0.91
C	11	0.78	0.84
D	10	0.50	0.86

問4　表1の遺伝子座Aについて，存在が可能な遺伝子型の種類数として最も適当なものを，次の ① ～ ⑥ のうちから一つ選べ。 **26** 種類

① 7　　② 14　　③ 21　　④ 28　　⑤ 35
⑥ 42

問5　次の記述ⓓ～ⓕのうち，**調査1**の結果から導かれる考察として可能性の高いものはどれか。その組合せとして最も適当なものを，後の ① ～ ⑦ のうちから一つ選べ。 **27**

ⓓ　この個体群では近親交配が起こっている。
ⓔ　この個体群は主にむかごで増えた個体から構成されている。
ⓕ　この個体群では，他家受精が行われている。

① ⓓ　　② ⓔ　　③ ⓕ　　④ ⓓ，ⓔ
⑤ ⓓ，ⓕ　　⑥ ⓔ，ⓕ　　⑦ ⓓ，ⓔ，ⓕ

東進 共通テスト実戦問題集

第4回

理科②〔生　　物〕

（60分　100点）

注意事項

1　解答用紙に，正しく記入・マークされていない場合は，採点できないことがあります。特に，解答用紙の**解答科目欄にマークされていない場合又は複数の科目にマークされている場合は，0点**となります。

2　試験中に問題冊子の印刷不鮮明，ページの落丁・乱丁及び解答用紙の汚れ等に気付いた場合は，手を高く挙げて監督者に知らせなさい。

3　解答は，解答用紙の解答欄にマークしなさい。例えば，［10］と表示のある問いに対して③と解答する場合は，次の（例）のように**解答番号10の解答欄の③にマーク**しなさい。

（例）

解答番号	解　答　欄
10	① ② ● ④ ⑤ ⑥ ⑦ ⑧ ⑨ ⓪ ⓐ ⓑ

4　問題冊子の余白等は適宜利用してよいが，どのページも切り離してはいけません。

5　**不正行為について**

①　不正行為に対しては厳正に対処します。

②　不正行為に見えるような行為が見受けられた場合は，監督者がカードを用いて注意します。

③　不正行為を行った場合は，その時点で受験を取りやめさせ退室させます。

6　試験終了後，問題冊子は持ち帰りなさい。

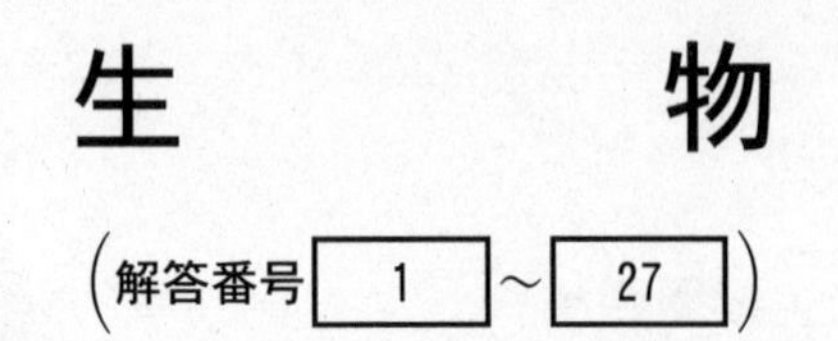

第１問　次の文章（**A**・**B**）を読み，後の問い（**問１～６**）に答えよ。
（配点　26）

A　光合成の過程において，二酸化炭素は葉緑体のストロマに存在するカルビン・ベンソン回路によって固定される。二酸化炭素は最初に物質Ｂと反応して物質Ａが合成される（図１）。(a)ATP や NADPH はチラコイドで合成され，ATP は物質Ａなどカルビン・ベンソン回路中の有機物のリン酸化に，NADPH は有機物の還元に用いられる。

図１中の物質Ａは，回路反応に利用されるだけではなく，一部がアミノ酸の合成に利用される。また，物質Ａは細胞質基質で進行する解糖系でも有機物のリン酸化によって合成されている。物質Ａの細胞内での代謝について，クロレラを用いて**実験１**を行った。

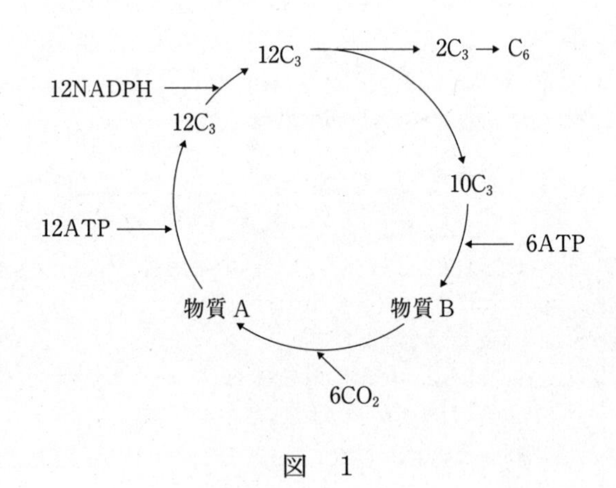

図　1

問1　下線部(a)に関連して，チラコイドにおけるATPやNADPHの合成に関する次の文章中の［ア］～［ウ］に入る語句の組合せとして最も適当なものを，後の①～⑥のうちから一つ選べ。［1］

チラコイド上の［ア］から放出された電子は，電子伝達系を介して［イ］に受容される。また，［ウ］では，放出された電子をもとに$NADP^+$が還元されNADPHが生じる。

	ア	イ	ウ
①	光化学系Ⅰ	光化学系Ⅱ	光化学系Ⅰ
②	光化学系Ⅰ	光化学系Ⅱ	光化学系Ⅱ
③	光化学系Ⅰ	光化学系Ⅱ	電子伝達系
④	光化学系Ⅱ	光化学系Ⅰ	光化学系Ⅰ
⑤	光化学系Ⅱ	光化学系Ⅰ	光化学系Ⅱ
⑥	光化学系Ⅱ	光化学系Ⅰ	電子伝達系

実験１　クロレラを含む培養液に，リンの放射性同位元素である ^{32}P で標識したリン酸($H_3{}^{32}PO_4$)と炭素の放射性同位元素である ^{14}C で標識した二酸化炭素($^{14}CO_2$)を加え，明所で培養してカルビン・ベンソン回路中の有機物やATPを ^{32}P と ^{14}C で標識した。その後，光条件を明から暗に切り換えて，細胞内の物質Ａから検出される ^{32}P と ^{14}C の量を調べた。この結果を図２に示す。

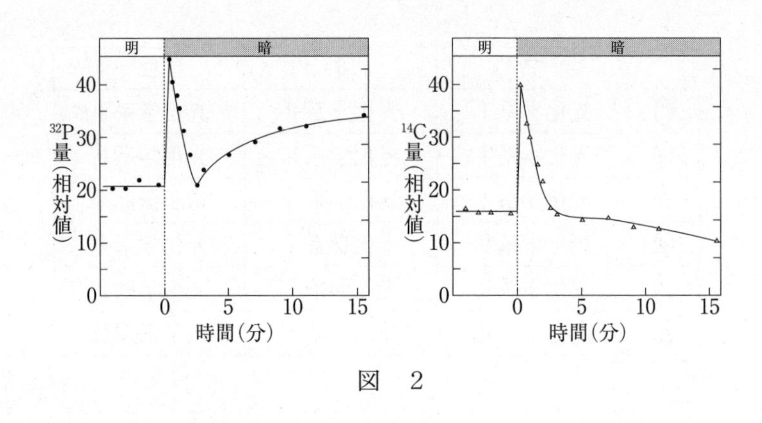

図　２

問２　**実験１**で，光条件を明から暗に切り換えた直後，物質Ａの ^{32}P，^{14}C 量がともに急激に増加した理由として最も適当なものを，次の①～④から一つ選べ。　**２**

①　葉緑体内のATPやNADPHが増加したため，物質Ａ→物質Ｂへの反応が進行し，物質Ｂ→物質Ａへの反応が停止した。

②　葉緑体内のATPやNADPHが増加したため，物質Ａ→物質Ｂへの反応が停止し，物質Ｂ→物質Ａへの反応が進行した。

③　葉緑体内のATPやNADPHが枯渇したため，物質Ａ→物質Ｂへの反応が進行し，物質Ｂ→物質Ａへの反応が停止した。

④　葉緑体内のATPやNADPHが枯渇したため，物質Ａ→物質Ｂへの反応は停止し，物質Ｂ→物質Ａへの反応が進行した。

問3　**実験1**で，光条件を明から暗に切り換えてから1分～3分の間では，物質Aの ^{32}P，^{14}C 量は減少しているが，これは物質Aがアミノ酸の合成などに利用されたからである。光条件を明から暗に切り換えてから3分後以降について，実験結果から導かれる考察として適当なものを，次の①～⑧のうちから二つ選べ。ただし，解答の順序は問わない。

| 3 | ・ | 4 |

① 薬緑体内では，物質Aは合成され続けている。

② 薬緑体内では，物質Aは合成されていないが，リン酸化され続けている。

③ 解糖系における物質Aの合成が促進されている。

④ 解糖系における物質Aの合成が抑制されている。

⑤ 解糖系における物質Aの合成が促進されているか抑制されているかは，この実験結果からは判断できない。

⑥ 薬緑体内の物質Aが減少すると，細胞質基質の物質Aは減少する。

⑦ 薬緑体内の物質Aが減少すると，細胞質基質の物質Aは増加する。

⑧ 薬緑体内の物質Aが減少したとき，細胞質基質の物質Aが増加するか減少するかはこの実験結果からは判断できない。

B　哺乳類では外界の温度変化にかかわらず，体温は常に一定に維持されている。副腎髄質から分泌されるアドレナリンは体温調節に働いている(a)ホルモンの一つである。アドレナリンは，図３に示すようにチロシンというアミノ酸から合成される。図３の酵素Ａについて，**実験２**を行った。

チロシン　→　ドーパ　→　ドーパミン　→　ノルアドレナリン
　　　　↑　　　　　　　　　　　　　　　　　　　↓
　　　酵素Ａ　　　　　　　　　　　　　　　アドレナリン

図　３

問４　下線部(a)に関連して，さまざまなホルモンに関する記述として**誤っているもの**を，次の ① ～ ④ のうちから一つ選べ。 **5**

① 糖質コルチコイドは，標的細胞の細胞膜を透過し，細胞内の受容体と結合する。

② インスリンの受容体は標的細胞の細胞膜上に存在する。

③ バソプレシンは，脳下垂体後葉に存在する神経分泌細胞の細胞体で合成され，神経終末から分泌される。

④ アドレナリンが標的細胞の受容体に結合すると細胞内で cAMP が合成される。

実験２　正常なラットを対照群と開腹手術により副腎につながる交感神経を切断した実験群に分け，室温25℃の部屋と室温5℃の部屋で３日間飼育し，副腎における酵素Ａの合成量を調べた。この結果を表１に示す。ただし，表１中の＋が多いほど酵素Ａの合成量が多いことを示す。

表　1

室　温	対照群	実験群
25℃	＋	＋
5℃	＋＋＋	＋

問５　**実験２**の対照群の説明として最も適当なものを，次の ①～④ のうちから一つ選べ。 6

① 何も処置しない。
② 開腹手術により副腎につながる副交感神経を切断する。
③ 開腹手術により副腎を切除する。
④ 開腹手術を行うが，副腎につながる交感神経を切除しない。

問６　次の記述ⓐ～ⓓのうち，**実験２**の結果から導かれる考察として正しいものはどれか。その組合せとして最も適当なものを，後の ① ～ ⓪ のうちから一つ選べ。 7

ⓐ　ノルアドレナリンを受容した副腎の細胞内では，アドレナリンの合成が促進される。

ⓑ　副腎は，血液を介して寒冷刺激を受容し，アドレナリンを合成している。

ⓒ　酵素Ａの合成量が多くなり，アドレナリンの合成量が過剰になると，アドレナリンが酵素Ａに結合して，酵素Ａの活性が低下する。

ⓓ　25℃では，副腎につながる交感神経からのノルアドレナリンの放出は促進されない。

① ⓐ，ⓑ　　② ⓐ，ⓒ　　③ ⓐ，ⓓ
④ ⓑ，ⓒ　　⑤ ⓑ，ⓓ　　⑥ ⓒ，ⓓ
⑦ ⓐ，ⓑ，ⓒ　　⑧ ⓐ，ⓑ，ⓓ　　⑨ ⓐ，ⓒ，ⓓ
⓪ ⓑ，ⓒ，ⓓ

（下 書 き 用 紙）

生物の試験問題は次に続く。

第２問　次の文章を読み，後の問い（問１～３）に答えよ。（配点　15）

シロイヌナズナの種子は(a)光発芽種子であり，この種子の光発芽には，２種類のフィトクロム（フィトクロムＡとフィトクロムＢ）が関与することが知られている。そこで，シロイヌナズナの野生型，フィトクロムＡの遺伝子を欠損したＡ欠損株，フィトクロムＢの遺伝子を欠損したＢ欠損株の種子を用いて，**実験１**を行った。

問１　下線部(a)に関連して，森林における光発芽種子やフィトクロム，および光の種類に関する記述として最も適当なものを，次の①～④のうちから一つ選べ。 **8**

①　林冠の塞がった森林に落ちた光発芽種子内のフィトクロムは，Pfr型（遠赤色光吸収型）の方がPr型（赤色光吸収型）よりも多い。

②　林冠の塞がった森林の林床には，遠赤色光の方が赤色光よりも届きやすい。

③　林冠を構成する葉は，遠赤色光よりも赤色光の方が透過しやすい。

④　森林に生じたギャップでは，光発芽種子内のPr型のフィトクロムの働きで，ジベレリンの合成が促進されている。

実験１　野生型とＡ欠損株，Ｂ欠損株の種子を暗所でそれぞれ吸水させ，１時間後に遠赤色光の照射を行った。その後，吸水から３時間後または48時間後にさまざまな強度で赤色光の照射を短時間行い，７日後の種子発芽の有無を調べた。この結果を表１に示す。

表　1

	3時間後の赤色光照射		48時間後の赤色光照射	
	弱　光	強　光	弱　光	強　光
野生型	−	＋	＋	−
A欠損株	−	＋	−	＋
B欠損株	−	−	＋	−

＋ 発芽した　− 発芽しなかった

問2 野生型のフィトクロムについて，**実験1**の結果から導かれる考察として適当なものを，次の①～⑧のうちから二つ選べ。ただし，解答の順序は問わない。 9 ・ 10

① 3時間後には，フィトクロムAは発現しているが，フィトクロムBは発現していない。

② 3時間後には，フィトクロムAは発現していないが，フィトクロムBは発現している。

③ 3時間後には，フィトクロムAもフィトクロムBも発現している。

④ この実験からは，3時間後に，フィトクロムAとフィトクロムBが発現しているかどうかは判断できない。

⑤ 48時間後には，フィトクロムAは発現しているが，フィトクロムBは発現していない。

⑥ 48時間後には，フィトクロムAは発現していないが，フィトクロムBは発現している。

⑦ 48時間後には，フィトクロムAもフィトクロムBも発現している。

⑧ この実験からは，48時間後に，フィトクロムAとフィトクロムBが発現しているかどうかは判断できない。

問３　フィトクロムＡとフィトクロムＢについて，次の記述ⓐ～ⓓのうち，**実験１**の結果から導かれる考察として正しいものはどれか。その組合せとして最も適当なものを，後の①～⓪のうちから一つ選べ。　11

ⓐ　フィトクロムＡは弱い赤色光に反応し，種子発芽に働くことができる。

ⓑ　フィトクロムＢは弱い赤色光では反応できず，種子発芽に働くことができない。

ⓒ　シロイヌナズナが弱い赤色光で発芽するためには，フィトクロムＡとフィトクロムＢのどちらかが必要である。

ⓓ　シロイヌナズナが強い赤色光で発芽するためには，フィトクロムＡが必要である。

① ⓐ，ⓑ　　② ⓐ，ⓒ　　③ ⓐ，ⓓ
④ ⓑ，ⓒ　　⑤ ⓑ，ⓓ　　⑥ ⓒ，ⓓ
⑦ ⓐ，ⓑ，ⓒ　　⑧ ⓐ，ⓑ，ⓓ　　⑨ ⓐ，ⓒ，ⓓ
⓪ ⓑ，ⓒ，ⓓ

（下 書 き 用 紙）

生物の試験問題は次に続く。

第３問　次の文章を読み，後の問い（**問１〜３**）に答えよ。（配点　11）

鳥類の胃は前胃と砂のうに分かれている。前胃の上皮は胃腺を形成し，(a)ペプシンの前駆物質であるペプシノーゲンを分泌するのに対し，砂のうの上皮は胃腺を形成せずペプシノーゲンも分泌しないことが知られている。胃腺がどのように分化するのかを調べるために，**実験１**を行った。

問１　下線部(a)に関連して，ペプシノーゲンは，約400アミノ酸のポリペプチドからなる。ペプシノーゲンの合成から分泌までの過程に関する記述として**誤っているもの**を，次の①〜④のうちから一つ選べ。 **12**

① 粗面小胞体上のリボソームでペプシノーゲンのポリペプチドが合成される。
② 小胞体内に入ったペプシノーゲンのポリペプチドは特有の立体構造を形成する。
③ ペプシノーゲンは，小胞体からゴルジ体に運ばれ濃縮される。
④ 濃縮されたペプシノーゲンは小胞に包まれた状態でエンドサイトーシスにより細胞外へ分泌される。

実験１　ニワトリの６日胚から未分化な胃を取り出し，前胃と砂のうのそれぞれから上皮と間充織を分離し，さまざまな組合せで再結合させた。これらを数日間培養し，ペプシノーゲン遺伝子の発現の有無を調べた。この結果を表１に示す。

表　1

上皮と間充織の組合せ		ペプシノーゲン遺伝子の発現
上　皮	間充織	
前　胃	前　胃	＋
砂のう	前　胃	＋
前　胃	砂のう	－
砂のう	砂のう	－

問2　**実験1**の結果から導かれる考察として最も適当なものを，次の①～④から一つ選べ。 13

① 前胃の上皮は，前胃の間充織の働きかけがなくても胃腺に分化する。

② 前胃の上皮は，砂のうの間充織の働きかけによって胃腺への分化が抑制される。

③ 砂のうの上皮は，前胃の間充織の働きかけによって発生運命を変更する。

④ 砂のうの間充織は，前胃の上皮の働きかけによって発生運命を変更する。

実験２　**実験１**と同様に，ニワトリの６日胚から未分化な砂のうを取り出し，上皮と間充織に分離した。この上皮をさまざまな組合せで再結合して数日間培養し，平滑筋が分化する位置を観察した。上皮と間充織の再結合の組合せと平滑筋が分化した位置を図１に示す。

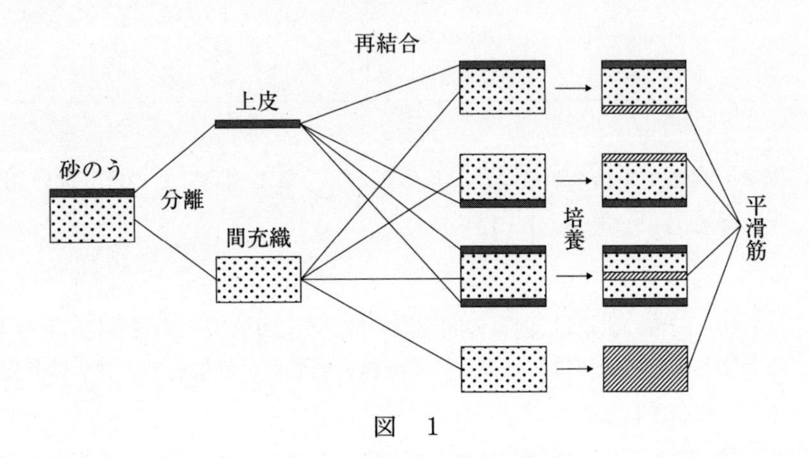

図　1

問3　次の記述ⓐ～ⓓのうち，**実験2**の結果から導かれる考察として正しいものはどれか。その組合せとして最も適当なものを，後の ① ～ ⓪ のうちから一つ選べ。 14

ⓐ　砂のうの上皮は，間充織が平滑筋に分化するのを抑制する物質を分泌している。

ⓑ　砂のうの上皮は，間充織から分泌される物質を受容することで，間充織を平滑筋に誘導する能力をもつ。

ⓒ　砂のうの間充織は，平滑筋に分化する発生運命をもつ。

ⓓ　砂のうの間充織は，砂のうの上皮に接触しないと平滑筋に分化しない。

① ⓐ，ⓑ　　② ⓐ，ⓒ　　③ ⓐ，ⓓ

④ ⓑ，ⓒ　　⑤ ⓑ，ⓓ　　⑥ ⓒ，ⓓ

⑦ ⓐ，ⓑ，ⓒ　　⑧ ⓐ，ⓑ，ⓓ　　⑨ ⓐ，ⓒ，ⓓ

⓪ ⓑ，ⓒ，ⓓ

第４問 次の文章を読み，後の問い（問１～５）に答えよ。（配点　18）

マドカとマミは生物の授業後，免疫とMHCについて語り合った。

マドカ：先生は，「抗原提示のとき，MHC上に抗原の一部であるペプチド断片を提示する」って言っていたけど，細胞膜上にあるMHC上にどうやって出すんだろう。

マ　ミ：マドカ…先生の話をきちんと聞いてなかったでしょ。まず，抗原が樹状細胞の［　ア　］によって取り込まれてペプチド断片に分解されるよね。その後，ペプチド断片は［　イ　］と教わったよ。

マドカ：なるほど。いや，ごめん，ごめん。その話のとき，MHCと拒絶反応について考えてたんだよ。

マ　ミ：どういうことかな。

マドカ：例えば，MHC遺伝子について遺伝子型がaaのマウスとbbのマウスがいて，aaのマウスの皮膚をbbのマウスに移植すると，拒絶反応が起こるよね。

マ　ミ：そうだね，MHCの型が違うと異物として認識されて(a)細胞性免疫で排除されるからね。

マドカ：だったら，(b)遺伝子型がaaのマウスとbbのマウスを交配してできたF_1マウスと親子間で皮膚移植を行うとどうなるんだろう。

マ　ミ：面白いね。私も前から気になっていたのだけれど，ヌードマウスっていう免疫不全マウスがいるよね。

マドカ：確か(c)胸腺がなく免疫不全になっているマウスだよね。

マ　ミ：(d)ヌードマウスと普通のマウス間で皮膚移植を行うとどうなるんだろうかとか考えてたんだよ。

マドカ：確かにどうなるんだろう。調べてみようか。

問1　上の会話文中の ア ・ イ に入る語句や文の組合せとして最も適当なものを，次の ① ～ ⑥ のうちから一つ選べ。 15

	ア	イ
①	エキソサイトーシス	細胞内でMHCと結合して細胞膜上に移動する
②	エキソサイトーシス	細胞膜上に移動してMHCと結合する
③	エンドサイトーシス	細胞内でMHCと結合して細胞膜上に移動する
④	エンドサイトーシス	細胞膜上に移動してMHCと結合する
⑤	能動輸送	細胞内でMHCと結合して細胞膜上に移動する
⑥	能動輸送	細胞膜上に移動してMHCと結合する

問2　下線部(a)に関連して，細胞性免疫に関する記述として最も適当なものを，次の ① ～ ④ のうちから一つ選べ。 16

① 主に好中球によって異物を排除する。

② 主にB細胞によって異物を排除する。

③ 主にトル様受容体に結合した細菌やウイルスを食細胞が排除する。

④ 免疫細胞によって異物が直接排除される。

問３　下線部(b)について，次のⓐ～ⓓの記述のうち，移植片が生着すると予想されるドナー（移植片を提供する側）とレシピエント（移植片を移植される側）はどれか。その組合せとして最も適当なものを，後の①～⑥のうちから一つ選べ。 17

	ドナー	レシピエント
ⓐ	遺伝子型が aa のマウス	F_1 のマウス
ⓑ	遺伝子型が bb のマウス	F_1 のマウス
ⓒ	F_1 のマウス	遺伝子型が aa のマウス
ⓓ	F_1 のマウス	遺伝子型が bb のマウス

①　ⓐ，ⓑ　　②　ⓐ，ⓒ　　③　ⓐ，ⓓ　　④　ⓑ，ⓒ
⑤　ⓑ，ⓓ　　⑥　ⓒ，ⓓ

問４　下線部(c)について，ヌードマウスの免疫に関する次の記述ⓔ～ⓗのうち，正しい記述はどれか。その組合せとして最も適当なものを，後の①～⓪のうちから一つ選べ。 18

ⓔ　自然免疫は正常に働いている。
ⓕ　体液性免疫は正常に働いている。
ⓖ　細胞性免疫は不全である。
ⓗ　体内にＴ細胞が存在しない。

①　ⓔ，ⓕ　　②　ⓔ，ⓖ　　③　ⓔ，ⓗ
④　ⓕ，ⓖ　　⑤　ⓕ，ⓗ　　⑥　ⓖ，ⓗ
⑦　ⓔ，ⓕ，ⓖ　　⑧　ⓔ，ⓕ，ⓗ　　⑨　ⓔ，ⓖ，ⓗ
⓪　ⓕ，ⓖ，ⓗ

問5　下線部(d)に関連して，表1は，ドナーとレシピエントのさまざまに組み合わせた場合の拒絶反応の有無を調べたものである。この結果から導かれるヌードマウスのMHC遺伝子における遺伝子型として最も適当なものを，後の①～④のうちから一つ選べ。ただし，表中の＋は拒絶反応が認められたもの，－は拒絶反応が認められなかったものである。

19

表　1

	レシピエント		
ドナー	遺伝子型 aa のマウス	遺伝子型 bb のマウス	F_1 のマウス
ヌードマウス	－	＋	－

①　aa　　②　bb　　③　ab　　④　表1の結果からは分からない

第５問 次の文章を読み，後の問い(問１～３)に答えよ。(配点 15)

(a)鳥類は哺乳類と同様に気温が変化しても体温を一定に保つことができる恒温動物であるため，寒冷地にまで分布を広げることができた。

(b)鳥類は，多くのは虫類や哺乳類と共通点をもつが，異なる点もある。特に，大きく異なる形質としてくちばしが挙げられる。くちばしは体を軽くするために大部分が多孔質の骨で構成され，表面は薄い角質で覆われている。また，くちばしの骨と角質の間には血管や神経が通っている。

このくちばしの形や大きさは，外界の温度の影響を受ける場合がある。オーストラリアのミツスイとその近縁種は，ニューギニアの熱帯林，中央オーストラリアの乾燥砂漠地帯，タスマニアの温帯の森林など広範囲に分布している。そこで，ミツスイの仲間のくちばしの大きさが夏の暑さと関係があるのか，それとも冬の寒さと関係があるのかを調べるために，**調査１**を行った。

問１ 下線部(a)に関連して，哺乳類の体温調節について説明した次の文章の ア ～ ウ に入る語句や文章の組合せとして最も適当なものを，後の ① ～ ⑧ のうちから一つ選べ。 20

寒冷刺激を間脳視床下部が受容すると， ア 神経の働きによって皮膚の血管や立毛筋が イ するため， ウ が抑制される。

	ア	イ	ウ
①	交　感	収　縮	放　熱
②	交　感	収　縮	熱生産
③	交　感	弛　緩	放　熱
④	交　感	弛　緩	熱生産
⑤	副交感	収　縮	放　熱
⑥	副交感	収　縮	熱生産
⑦	副交感	弛　緩	放　熱
⑧	副交感	弛　緩	熱生産

問 2　下線部(b)に関連して，鳥類，爬虫類，哺乳類に関する記述として**誤っているもの**を，次の ① ～ ④ のうちから一つ選べ。 21

① 鳥類，爬虫類，哺乳類はすべて四肢をもつ。

② 爬虫類と鳥類の胚は胚膜で包まれていないが，哺乳類の胚は胚膜で包まれている。

③ 爬虫類は古生代に出現したが，鳥類と哺乳類は中生代に出現した。

④ 哺乳類の中には卵生のものが存在する。

調査１　ミツスイと多くの近縁種の多数の個体のくちばしの大きさを測定し，各個体の生息地の冬の最低気温，夏の最高気温との関係を調べた。この結果を図１に示す。

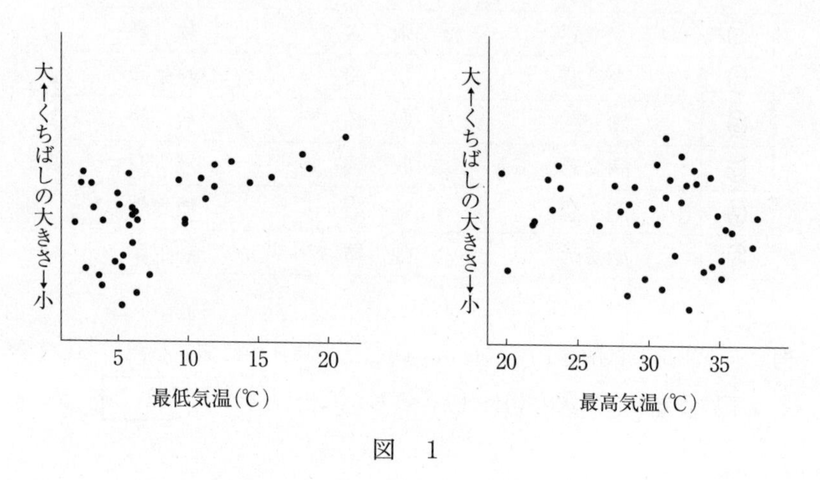

図　１

問３　**調査１**の結果から導かれる考察として適当なものを，次の ① ～ ⑧ のうちから二つ選べ。ただし，解答の順序は問わない。

| 22 | ・ | 23 |

① くちばしの大きさは最高気温と相関がなく，最低気温と相関がある。

② くちばしの大きさは最高気温と相関があり，最低気温と相関がない。

③ くちばしの大きさは最高気温および最低気温と相関がある。

④ くちばしの大きさは最高気温および最低気温と相関がない。

⑤ くちばしの小さな種は，くちばしの大きな種に比べてくちばしからの放熱量が少なく，高温環境下での生育に不利である。

⑥ くちばしの小さな種は，くちばしの大きな種に比べてくちばしからの放熱量が少なく，高温環境下での生育に有利である。

⑦ くちばしの小さな種は，くちばしの大きな種に比べてくちばしからの放熱量が少なく，低温環境下での生育に不利である。

⑧ くちばしの小さな種は，くちばしの大きな種に比べてくちばしからの放熱量が少なく，低温環境下での生育に有利である。

（下 書 き 用 紙）

生物の試験問題は次に続く。

第６問　次の文章を読み，後の問い（問１～３）に答えよ。（配点　15）

ある動物の遺伝子Ｘは，六つのエキソン（エキソン１～６）から構成されており，エキソン１の途中に開始コドンをコードする領域，エキソン６に終止コドンをコードする領域が存在する。表１は，エキソン１～６の塩基数を示したものである。

表　1

エキソンの番号	1	2	3	4	5	6
塩基対数	204	168	150	129	231	329

問１　遺伝子Ｘについて説明した次の文章中の［ア］・［イ］に入る語句の組合せとして最も適当なものを，後の①～④のうちから一つ選べ。［24］

遺伝子Ｘは核内で転写されて，mRNA 前駆体が生じる。この mRNA 前駆体はエキソン１～６を含むが，その後，［ア］でスプライシングを受けて mRNA が完成する。この mRNA は，［イ］で翻訳されて mRNA の塩基配列にしたがったアミノ酸配列をもったタンパク質が合成される。

	ア	イ
①	核　内	リボソーム
②	核　内	リソソーム
③	細胞質中	リボソーム
④	細胞質中	リソソーム

問2　遺伝子Xに関連して，選択的スプライシングによって生じるエキソンの組合せが異なるmRNAは最大で何種類が可能になるか。最も適当なものを，次の①〜⑤のうちから一つ選べ。ただし，エキソン1とエキソン6は必ず選択されるものとする。 **25** 種類

① 4　② 8　③ 16　④ 32　⑤ 64

問3　遺伝子Xからのタンパク質の発現を調べるため，この動物の組織Yと組織Zにおけるタンパク質のアミノ酸数を調べた。この結果を表2に示す。組織Yと組織ZでmRNAに含まれないエキソンとして最も適当なものを，後の①〜⑤のうちからそれぞれ一つ選べ。ただし，エキソン1の25〜27番目の塩基は開始コドン，エキソン6の229〜231番目の塩基は終止コドンである。組織Y **26** 　組織Z **27**

表　2

	遺伝子XのmRNAの翻訳で生じたタンパク質のアミノ酸数
組織Y	319
組織Z	362

① エキソン2　② エキソン3　③ エキソン4
④ エキソン5　⑤ 含まれないエキソンはない

東進　共通テスト実戦問題集

第5回

理科②〔生　物〕

（60分 100点）

注意事項

1　解答用紙に，正しく記入・マークされていない場合は，採点できないことがあります。特に，解答用紙の**解答科目欄にマークされていない場合又は複数の科目にマークされている場合は，0点**となります。
2　試験中に問題冊子の印刷不鮮明，ページの落丁・乱丁及び解答用紙の汚れ等に気付いた場合は，手を高く挙げて監督者に知らせなさい。
3　解答は，解答用紙の解答欄にマークしなさい。例えば， 10 と表示のある問いに対して③と解答する場合は，次の（例）のように**解答番号10の解答欄の③にマーク**しなさい。

（例）

解答番号	解　答　欄
10	① ② ● ④ ⑤ ⑥ ⑦ ⑧ ⑨ ⓪ ⓐ ⓑ

4　問題冊子の余白等は適宜利用してよいが，どのページも切り離してはいけません。
5　**不正行為について**
　①　不正行為に対しては厳正に対処します。
　②　不正行為に見えるような行為が見受けられた場合は，監督者がカードを用いて注意します。
　③　不正行為を行った場合は，その時点で受験を取りやめさせ退室させます。
6　試験終了後，問題冊子は持ち帰りなさい。

生　　物

（解答番号 1 ～ 27 ）

第１問　次の文章を読み，後の問い（問１～４）に答えよ。（配点　14）

生態系には，(a)森林，(b)海洋などさまざまなものがあり，これらの生態系どうしは密接に関わっている。例えば，(c)森林から流入する落ち葉に含まれる有機物は，河川を通して海洋へ移動し，リンやカリウムなど栄養源の一部となっている。また，島では，海洋から陸上への有機物の移動も重要である。

アリューシャン列島では，一部の島に毛皮生産のためにホッキョクギツネが導入された。図１は，ホッキョクギツネが導入された島とされなかった島における海鳥の密度，土壌中のリンの量，植物の現存量を比較したものである。

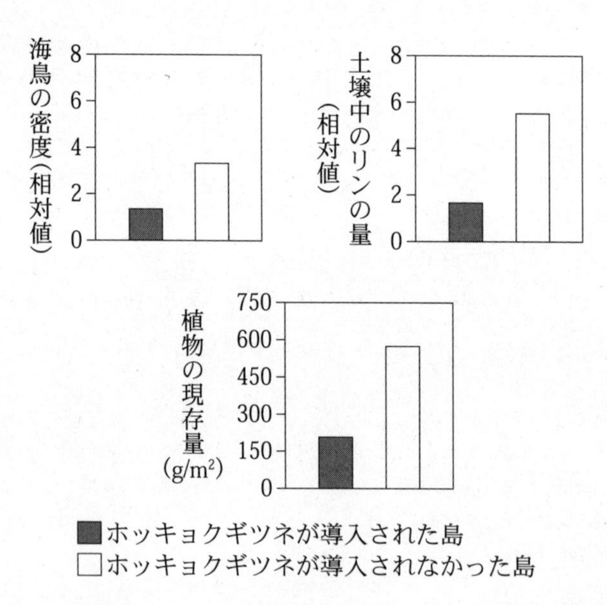

図　1

問1　下線部(a)に関連して，森林生態系に関する記述として最も適当なものを，次の ①～④ のうちから一つ選べ。 [1]

① 草原に比べて総生産量に対する純生産量の割合が大きい。
② 遷移の進行にともない，成長量はゼロに近づく。
③ 河川へ流入する落ち葉が最も多いバイオームは夏緑樹林である。
④ 常緑広葉樹で構成される照葉樹林では，河川への落ち葉の流入はほとんどみられない。

問2　下線部(b)に関連して，海洋生態系に関する記述として**誤っているもの**を，次の ①～④ のうちから一つ選べ。 [2]

① 主な生産者は植物プランクトンである。
② 陸上生態系に比べて，現存量当たりの被食量が多い。
③ 補償深度では，総生産量がゼロになる。
④ 内湾よりも外洋の方が補償深度は深い。

問３　下線部(c)に関連して，落ち葉に含まれる有機窒素化合物に関する次の文章中の［ア］～［ウ］に入る語句の組合せとして最も適当なものを，後の①～⑥のうちから一つ選べ。［3］

河川に流入した落ち葉に含まれる有機窒素化合物は微生物により分解されて［ア］イオンが生じる。［ア］イオンは硝化菌の働きで［イ］イオンにまで変化する。［ア］イオンや［イ］イオンは，植物プランクトンの［ウ］により有機窒素化合物に合成される。

	ア	イ	ウ
①	アンモニウム	硝　酸	窒素固定
②	アンモニウム	硝　酸	窒素同化
③	アンモニウム	亜硝酸	窒素固定
④	硝　酸	亜硝酸	窒素同化
⑤	硝　酸	アンモニウム	窒素固定
⑥	硝　酸	アンモニウム	窒素同化

問４　図１から導かれる合理的な推論として最も適当なものを，次の①～④のうちから一つ選べ。［4］

① ホッキョクギツネは魚を捕食することで，海洋から有機物を陸地へ持ち運んでいる。

② ホッキョクギツネは海鳥を捕食することで，海鳥による植物の食害を防いでいる。

③ ホッキョクギツネが導入されなかった島では，植物が海鳥からの食害に晒されている。

④ ホッキョクギツネを導入することで，海洋から陸地への有機物の供給量が減少する。

（下 書 き 用 紙）

生物の試験問題は次に続く。

第２問 次の文章を読み，後の問い（**問１～４**）に答えよ。（配点　19）

植物の葉と茎によって構成される地上部全体をシュートという。シュートの枝分かれは，まず，(a)側芽がつくられ，次にそれが伸長することで形成される。シロイヌナズナにおいて，シュートの枝分かれが過剰に形成される突然変異体の解析から，物質Ｘが側芽の成長に関係することが分かってきた。そこで，シロイヌナズナの野生型，および過剰に枝分かれをする３種類の変異体Ａ～Ｃを用いて，**実験１・実験２**を行った。ただし，変異体Ａ，Ｂは，それぞれ酵素Ａ，Ｂを欠損しており，変異体Ｃは，あるタンパク質Ｃを欠損していることが分かっている。

問１ 下線部(a)に関連して，側芽の伸長について説明した次の文中の［ア］・［イ］に入る語句や文の組合せとして最も適当なものを，後の①～④のうちから一つ選べ。［5］

植物体の頂芽を切除すると，側芽の基部の［ア］濃度が低下し，［イ］ことで側芽の伸長が促進される。

	ア	イ
①	サイトカイニン	オーキシンの合成が促進される
②	サイトカイニン	オーキシンの合成が抑制される
③	オーキシン	サイトカイニンの合成が促進される
④	オーキシン	サイトカイニンの合成が抑制される

実験1　野生型と変異体A，Bの物質Xの合成量を比較したところ，変異体A，Bは，野生型に比べて物質Xの合成量が大幅に低下していた。

実験2　野生型，変異体A，Bのそれぞれの地下部を台木にして地上部に接ぎ穂する実験を行い，接ぎ穂の枝分かれの形成を調べたところ，表1の結果が得られた。

表　1

接ぎ穂	台　木	接ぎ穂の枝分かれ
野生型	野生型	正　常
野生型	変異体A	正　常
野生型	変異体B	正　常
変異体A	野生型	正　常
変異体A	変異体A	過　剰
変異体B	野生型	正　常
変異体B	変異体B	過　剰

問2　**実験1**と**実験2**の結果から導かれる考察として適当なものを，次の①～⑦のうちから二つ選べ。ただし，解答の順序は問わない。
[6]・[7]

① 物質Xの合成には，酵素Aは必要であるが，酵素Bは必ずしも必要ではない。

② 物質Xの合成には，酵素Bは必要であるが，酵素Aは必ずしも必要ではない。

③ 物質Xの合成には，酵素Aと酵素Bの両方が必要である。

④ 物質Xは地下部でのみ合成され，地上部へ移動する。

⑤ 物質Xは地上部でのみ合成され，地下部へ移動する。

⑥ 物質Xは地上部でも地下部でも合成される。

⑦ これらの実験からは物質Xの合成場所は判断できない。

実験３　変異体Ａと変異体Ｂの地下部を台木にして，地上部に接ぎ穂する実験を行い，接ぎ穂の枝分かれの形成を調べたところ，表２の結果が得られた。

表　2

接ぎ穂	台　木	接ぎ穂の枝分かれ
変異体Ａ	変異体Ｂ	過　剰
変異体Ｂ	変異体Ａ	正　常

問３　物質Ｘの合成経路について，**実験１**～**実験３**の結果から導かれる考察として最も適当なものを，次の①～⑤のうちから一つ選べ。 **8**

① 酵素Ａのみが物質Ｘの合成経路上の反応を触媒している。
② 酵素Ｂのみが物質Ｘの合成経路上の反応を触媒している。
③ 物質Ｘの合成経路上において，酵素Ａと酵素Ｂは同じ反応を触媒している。
④ 物質Ｘの合成経路上において，酵素Ａは酵素Ｂの上流で働いている。
⑤ 物質Ｘの合成経路上において，酵素Ｂは酵素Ａの上流で働いている。

実験4　野生型と変異体Cの物質Xの合成量を比較したところ，野生型と変異体Cでほとんど差はなかった。

実験5　野生型と変異体Cのそれぞれの地下部を台木にして地上部に接ぎ穂する実験を行い，接ぎ穂の枝分かれの形成を調べたところ，表3の結果が得られた。

表　3

接ぎ穂	台　木	接ぎ穂の枝分かれ
変異体C	変異体C	過　剰
野生型	変異体C	正　常
変異体C	野生型	過　剰

問4　次の記述ⓐ～ⓓのうち，**実験4**と**実験5**の結果から導かれるタンパク質Cの働きとして可能性のあるものはどれか。その組合せとして最も適当なものを，後の①～⓪のうちから一つ選べ。 **9**

ⓐ　物質Xの受容体として働く。
ⓑ　物質Xの合成を促進する調節タンパク質として働く。
ⓒ　物質Xを受容した後の，細胞内の情報伝達に働く。
ⓓ　物質Xと結合して，物質Xの働きを阻害する。

①　ⓐ，ⓑ　　②　ⓐ，ⓒ　　③　ⓐ，ⓓ
④　ⓑ，ⓒ　　⑤　ⓑ，ⓓ　　⑥　ⓒ，ⓓ
⑦　ⓐ，ⓑ，ⓒ　　⑧　ⓐ，ⓑ，ⓓ　　⑨　ⓐ，ⓒ，ⓓ
⓪　ⓑ，ⓒ，ⓓ

第３問　次のA，Bの文章を読み，後の問い(**問１～７**)に答えよ。
(配点　26)

A　(a)ミトコンドリアの電子伝達系では，酸素の消費とATPの合成が行われている。そこで，細胞から単離したミトコンドリアを用いて，**実験１**を行った。なお，実験開始の時点でミトコンドリアに含まれていた呼吸基質はすべて消費されているものとする。

問１　下線部(a)について，ミトコンドリアに関する記述として**誤っているもの**を，次の①～④のうちから一つ選べ。 10

① 核とは独立した独自のDNAをもつ。
② 祖先は好気性細菌であると考えられている。
③ グルコースをピルビン酸に分解する酵素群をもつ。
④ マトリックスではクエン酸回路が進行する。

実験１　単離したミトコンドリアを，リン酸を十分に含む溶液に入れた。この溶液に，コハク酸，ADP，阻害剤X，物質Dを順に添加し，酸素消費量とATP蓄積量の変化を調べたところ，図１の結果が得られた。なお，阻害剤XはATP合成酵素の働きを阻害する物質である。また，物質Dは，H^+濃度が高いとH^+と結合し，H^+濃度が低いとH^+を離す性質をもち，生体膜を自由に出入りできる物質である。

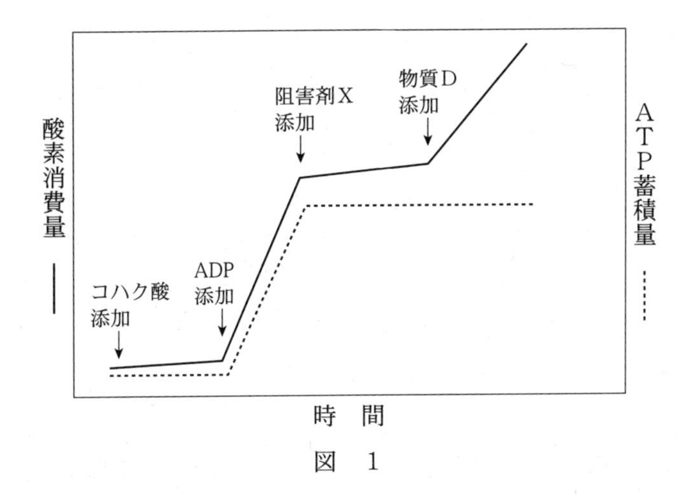

図　1

問2　**実験1**のコハク酸添加について，コハク酸添加により起こる現象として最も適当なものを，次の①～④のうちから一つ選べ。なお，コハク酸，オキサロ酢酸はC_4化合物，アセチルCoAはC_2化合物である。

11

① コハク酸の代謝によって生じたオキサロ酢酸とアセチルCoAからクエン酸が生じる。

② クエン酸回路の進行に伴ってATPが合成される。

③ コハク酸の脱水素反応により，酸化型補酵素が還元され，還元型補酵素が生じる。

④ コハク酸の脱炭酸反応によって，二酸化炭素が生じる。

問３　電子伝達系における電子伝達について，**実験１**の阻害剤Ｘ添加の結果から導かれる考察として最も適当なものを，次の ① ～ ④ のうちから一つ選べ。 **12**

① ATP の合成とは無関係に進行する。
② ATP の合成と連動している。
③ ADP が欠乏しないと進行しない。
④ ATP が欠乏しないと進行しない。

問４　物質Ｄの働きに関する次の記述ⓐ～ⓓのうち，**実験１**の結果から導かれる考察として正しいものはどれか。その組合せとして最も適当なものを，後の ① ～ ⓪ のうちから一つ選べ。 **13**

ⓐ　物質Ｄはミトコンドリアの内膜をはさんだ H^+ の濃度勾配を解消する。
ⓑ　物質Ｄの添加により，熱エネルギーの発生量が増加する。
ⓒ　物質Ｄは，ミトコンドリアのストロマで H^+ と結合する。
ⓓ　物質Ｄを添加しても，マトリックスから膜間腔への H^+ の能動輸送は起こる。

① ⓐ，ⓑ　② ⓐ，ⓒ　③ ⓐ，ⓓ
④ ⓑ，ⓒ　⑤ ⓑ，ⓓ　⑥ ⓒ，ⓓ
⑦ ⓐ，ⓑ，ⓒ　⑧ ⓐ，ⓑ，ⓓ　⑨ ⓐ，ⓒ，ⓓ
⓪ ⓑ，ⓒ，ⓓ

B　植物において，葉緑体に照射される光が強すぎると光合成速度は低下する。これは，強い光によって葉緑体のチラコイドを流れるエネルギーが過剰になり，葉緑体の成分が傷害を受けるためで，これを光阻害という。植物は光阻害を防ぐために，強い光を浴びたときに光エネルギーを熱に変換して逃がすことができる。これをクエンチングという。

植物細胞に強い光を照射したときに合成されるタンパク質Lは，(b)光化学系Ⅱに結合してクエンチングを引き起こすことが知られている。また，このタンパク質Lを介したクエンチングには，光受容体Xが関与することが分かってきた。そこで，タンパク質Lの合成と光受容体Xの関係について，単細胞の緑藻であるクラミドモナスの野生株と，光受容体Xを欠損したX欠損株を用いて，**実験2**を行った。

問5　下線部(b)について，光化学系Ⅱに関する記述として**誤っているもの**を，次の①～④のうちから一つ選べ。 14

① $NADP^+$をNADPHに還元する。
② 水を分解して生じた電子を反応中心に補充する。
③ 光エネルギーを吸収した反応中心から電子が放出される。
④ 光合成色素によって集められた光は反応中心に送られる。

実験2　クラミドモナスの野生株およびX欠損株の2種類を用いて，波長ごとのクエンチング量(放熱量)を測定した。この結果を図2に示す。

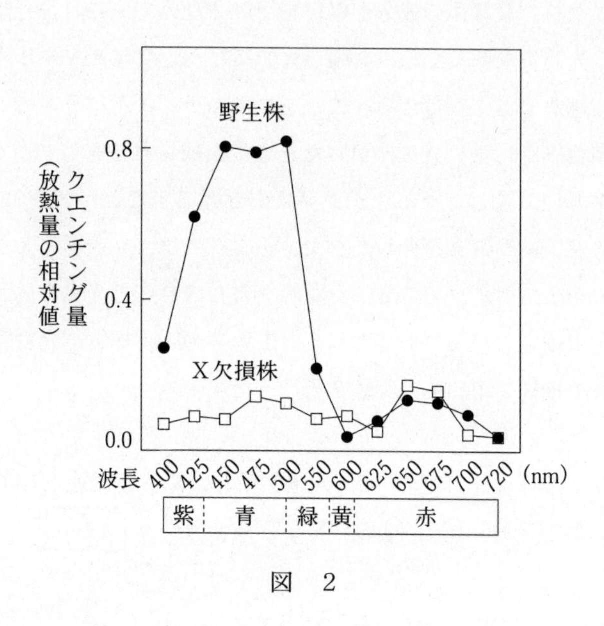

図　2

問6　次の記述ⓔ～ⓖのうち，**実験2**の結果から導かれる合理的な推論はどれか。その組合せとして最も適当なものを，後の①～⑦のうちから一つ選べ。　15

ⓔ　X欠損株はフィトクロムを欠損している可能性がある。
ⓕ　X欠損株はフォトトロピンを欠損している可能性がある。
ⓖ　クエンチングには，クロロフィルが関与している可能性がある。

①　ⓔ　　②　ⓕ　　③　ⓖ　　④　ⓔ，ⓕ
⑤　ⓔ，ⓖ　　⑥　ⓕ，ⓖ　　⑦　ⓔ，ⓕ，ⓖ

問7　**実験2**の結果から，「光受容体Xは青色光を受容することでタンパク質Lの合成を促進する」という推論を導いた。次の記述ⓗ～ⓚのうち，この推論が正しいかどうかを確かめるために追加すべき実験はどれか。その組合せとして最も適当なものを，後の①～⓪のうちから一つ選べ。

16

ⓗ　野生株に異なる波長の強光を照射し，波長ごとのタンパク質Lの合成量を測定する。

ⓘ　野生株に異なる波長の弱光を照射し，波長ごとのタンパク質Lの合成量を測定する。

ⓙ　X欠損株に異なる波長の強光を照射し，波長ごとのタンパク質Lの合成量を測定する。

ⓚ　X欠損株に異なる波長の弱光を照射し，波長ごとのタンパク質Lの合成量を測定する。

① ⓗ，ⓘ　　② ⓗ，ⓙ　　③ ⓗ，ⓚ
④ ⓘ，ⓙ　　⑤ ⓘ，ⓚ　　⑥ ⓙ，ⓚ
⑦ ⓗ，ⓘ，ⓙ　　⑧ ⓗ，ⓘ，ⓚ　　⑨ ⓗ，ⓙ，ⓚ
⓪ ⓘ，ⓙ，ⓚ

第４問　次の文章を読み，後の問い（問１～３）に答えよ。（配点　15）

ニューロンとニューロンはシナプスで接続している。シナプス前細胞の神経終末には，神経伝達物質を含むシナプス小胞が存在する。(a)興奮が軸索を伝導し神経終末に到達すると，電位依存性 Ca^{2+} チャネルが開き，Ca^{2+} が神経終末内部へ流入する。それがシグナルとして働き，シナプス小胞がシナプス前細胞の細胞膜に融合して開口し，(b)神経伝達物質がシナプス間隙に放出される。

問１　下線部(a)に関連して，図１のようにイカの巨大軸索の表面に測定電極ａと基準電極ｂを置き，測定電極ａの左側を刺激した場合，オシロスコープに記録される波形として最も適当なものを，後の ① ～ ④ のうちから一つ選べ。 17

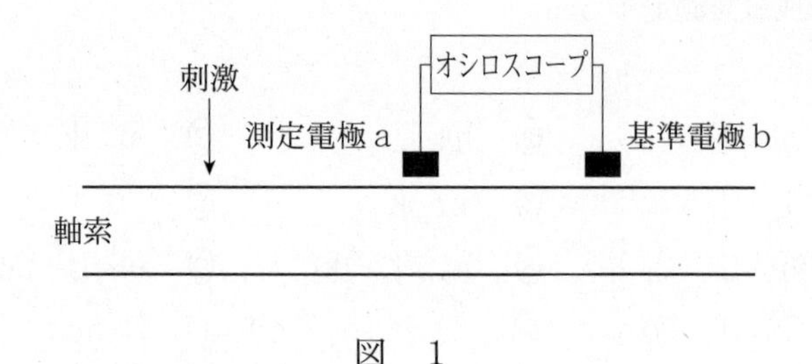

図　１

①

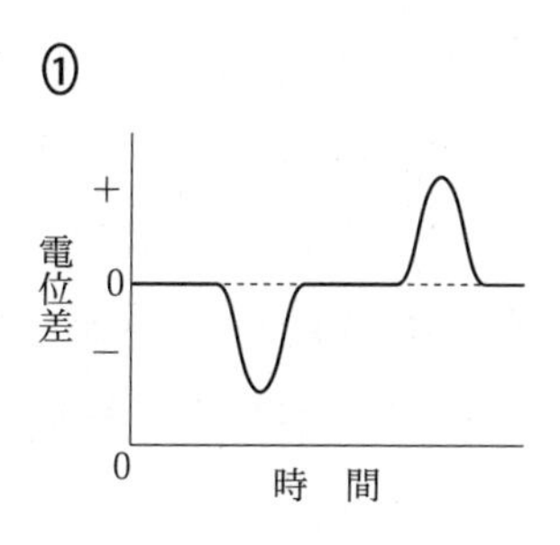

②

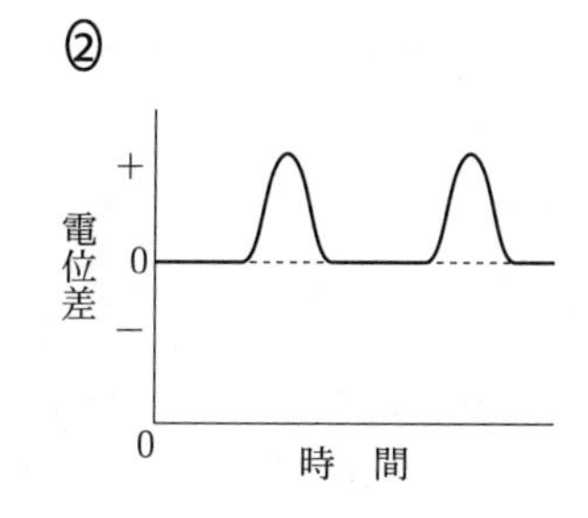

③

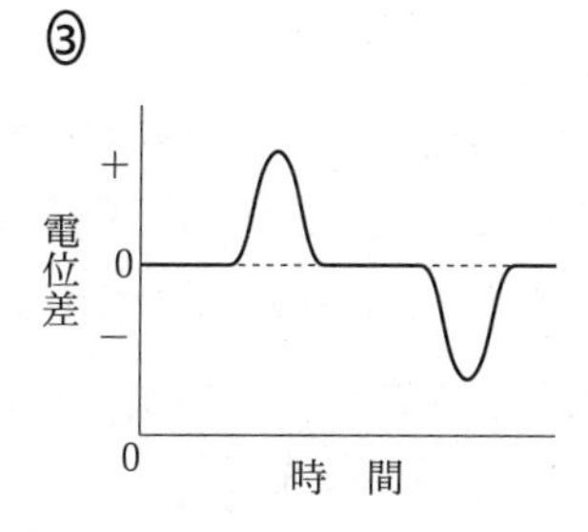

④

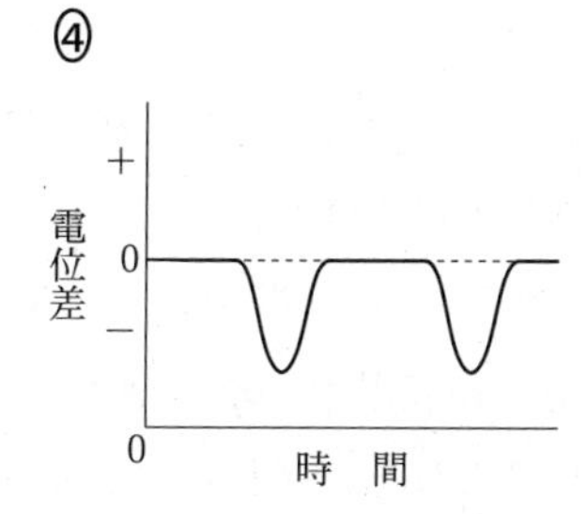

問2　下線部(b)に関連して，シナプス間隙に放出された神経伝達物質について説明した次の文章中の［ア］・［イ］に入る語句の組合せとして最も適当なものを，後の①～④のうちから一つ選べ。［18］

興奮性シナプスの場合，神経伝達物質がシナプス後細胞の細胞膜上に発現しているリガンド依存性［ア］チャネルに結合すると［イ］分極が起こり，興奮が伝達される。

	ア	イ
①	ナトリウム	脱
②	ナトリウム	過
③	カリウム	脱
④	カリウム	過

問３　シナプス前細胞のシナプス小胞の膜上に存在するタンパク質Ｖが細胞膜に存在するタンパク質Ｔに結合すると，膜が融合してエキソサイトーシスが起こる。また，タンパク質Ｖとタンパク質Ｔの結合には，別の２つのタンパク質(タンパク質Ａ，タンパク質Ｂ)が関与している。そこで，タンパク質Ａとタンパク質Ｂの働きについて調べるために，**実験１**を行った。

実験１　タンパク質Ｖを組み込んだ人工膜小胞，タンパク質Ｔを組み込んだ人工膜小胞を作製した。２種類の人工膜小胞を Ca^{2+} を含む溶液に入れ，タンパク質Ａとタンパク質Ｂをさまざまな組合せで添加した。60 分後に膜融合した小胞の割合(相対値)を調べたところ，図２の結果が得られた。なお，図中の＋はそのタンパク質を添加したことを，－は添加しなかったことを示す。

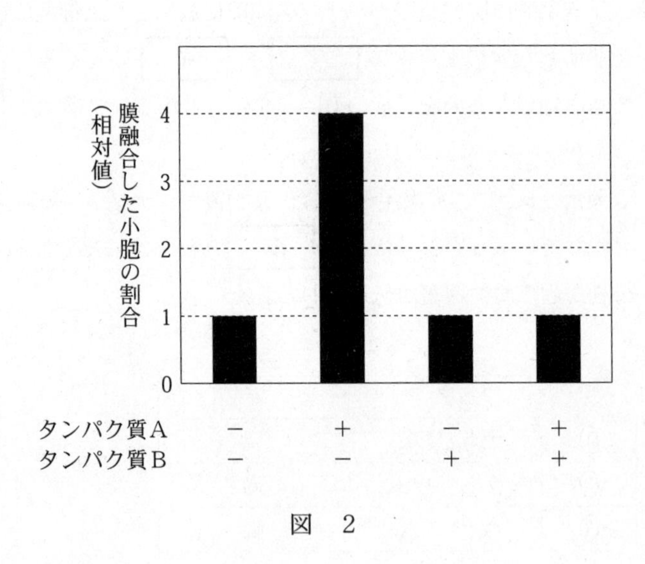

図　２

実験1の結果から導かれる考察として適当なものを，次の ① ～ ⑦ のうちから二つ選べ。ただし，解答の順序は問わない。

19 ・ 20

① タンパク質Aは，タンパク質Tとタンパク質Vの結合を促進する。
② タンパク質Bは，タンパク質Tとタンパク質Vの結合を促進する。
③ タンパク質Aは，タンパク質Bの働きを促進する。
④ タンパク質Aは，タンパク質Bの働きを抑制する。
⑤ タンパク質Bは，タンパク質Aの働きを促進する。
⑥ タンパク質Bは，タンパク質Aの働きを抑制する。
⑦ Ca^{2+}はタンパク質Tとタンパク質Vの結合に必要である。

第５問　次の文章を読み，後の問い(**問１〜３**)に答えよ。(配点　12)

マウスの性決定様式はXY型である。性染色体構成がXYの個体は雄になるが，この理由は，Sry遺伝子がY染色体上にあることによる。胎児期の未分化な生殖腺でSry遺伝子が発現すると，未分化な生殖腺は精巣へと分化し，さらにSry遺伝子が発現することで雄に特異的な他の遺伝子の発現も誘導され，性は雄になる。一方，雌はY染色体をもたないためSry遺伝子をもたず，生殖腺は卵巣へと分化する。

生殖腺の分化には，Sry遺伝子だけでなく常染色体上の遺伝子Aも関係している。遺伝子Aは，雄になるマウスの未分化な生殖腺で特異的に発現している。遺伝子Aの働きを調べるために，**実験１**・**実験２**を行った。

実験１　遺伝子Aを発現しないようにしたノックアウトマウスの受精卵(性染色体構成はXY)を作製したところ，卵巣をもつ性転換した個体が生じた。

問１　**実験１**で生じた性転換した個体と野生型の雄を交配し，多数の次世代を得たが，これらの個体の性染色体構成は，XXもしくはXYのどちらかであった。次の記述ⓐ〜ⓒのうち，この事実と**実験１**の結果から導かれる合理的な推論はどれか。その組合せとして最も適当なものを，後の①〜⑦のうちから一つ選べ。　21

ⓐ　X染色体には生存に必要な遺伝子が存在する。
ⓑ　Y染色体には生存に必要な遺伝子は存在しない。
ⓒ　この交配で生じた次世代の雌：雄の比は１：１である。

①　ⓐ　②　ⓑ　③　ⓒ　④　ⓐ，ⓑ
⑤　ⓐ，ⓒ　⑥　ⓑ，ⓒ　⑦　ⓐ，ⓑ，ⓒ

実験2　Sry遺伝子が調節タンパク質による制御を受けず強制的に発現するように設計したDNAを，遺伝子Aのノックアウトマウスの受精卵(性染色体構成はXY)に導入した。この結果，Sry遺伝子が発現し，精巣が正常に分化した。

問2　遺伝子Aについて，**実験1**・**実験2**の結果から導かれる考察として最も適当なものを，次の①～④のうちから一つ選べ。 [22]

① 遺伝子Aは精巣の分化に必要である。
② 精巣の分化にはSry遺伝子と遺伝子Aの両方の発現が必要である。
③ 遺伝子Aの発現にはSry遺伝子が必要である。
④ Sry遺伝子の発現には遺伝子Aの発現が必要である。

問3　遺伝子Aに関する次の考察文中の [ア]・[イ] に入る語句の組合せとして最も適当なものを，後の①～④のうちから一つ選べ。
[23]

正常なマウスの受精卵(性染色体構成はXX)に遺伝子Aを導入して強制発現させると，性は [ア] になり，Sry遺伝子のノックアウトマウスの受精卵(性染色体構成はXY)に遺伝子Aを導入して強制発現させると，性は [イ] になる。

	ア	イ
①	雄	雄
②	雄	雌
③	雌	雌
④	雌	雄

第６問　次の文章を読み，後の問い（問１～４）に答えよ。（配点　14）

ネコ好きのニナは，コウとネコの血液型について語り合った。

ニ　ナ：ねえ，ネコの血液型はAB式ということを知っているかい。

コ　ウ：いや知らない。ヒトのABO式血液型と同じしくみで決まるのかな。

ニ　ナ：似てるといえば似てるよね。とりあえずこの資料を見てよ。血液型は赤血球上の抗原の型で，血しょう中の抗体の種類が異なるのも似ているよね。

資料　ネコのAB式血液型

	A型	B型	AB型
抗　原	A	B	AとB
抗　体	抗B抗体	抗A抗体	なし

ニ　ナ：ちなみに，A型，B型，AB型の対立遺伝子はそれぞれ遺伝子A，遺伝子B，遺伝子Cの三つだよ。

コ　ウ：優劣関係はどうなってるのかな。

ニ　ナ：A型のホモ接合体とB型のホモ接合体の両親からはA型が，A型のホモ接合体とAB型のホモ接合体の両親からはA型が，B型のホモ接合体とAB型のホモ接合体の両親からはAB型の子が生まれるらしいよ。

コ　ウ：ということは，遺伝子［ア］は遺伝子［イ］と遺伝子［ウ］に対して優性で，遺伝子［イ］は遺伝子［ウ］に対して優性ということになるね。(a)確かにヒトのABO式血液型に似てるけど，違いもあるね。実際，集団での血液型の割合ってどうなってるのかな。

ニ　ナ：国や品種によって違いが大きいらしいけど，AB 型はすごく稀らしい。ある品種では，84％がＡ型，16％がＢ型で，AB 型は０％だって。

コ　ウ：すると，ハーディ・ワインベルグの法則が成り立つのであれば，遺伝子Ａと遺伝子Ｂのヘテロ接合体の割合は［エ］％になるのか。

ニ　ナ：ネコにとって血液型は要注意なんだ。(b)Ｂ型の母親がＡ型の子を産んだ場合，子が母親の母乳を飲むと新生児溶血症といって，赤血球は破壊されてしまうんだよ。逆に，Ａ型の母親がＢ型の子を産んだ場合は，子が母親の母乳を飲んでも新生児溶血症にはならないんだ。

コ　ウ：いや，本当に要注意だよね。知らないと，生まれた子が死んじゃうかもしれないからね。

問１　上の文章中の［ア］～［ウ］に入る遺伝子記号の組合せとして最も適当なものを，次の①～⑥のうちから一つ選べ。［24］

	ア	イ	ウ
①	A	B	C
②	A	C	B
③	B	A	C
④	B	C	A
⑤	C	A	B
⑥	C	B	A

問２　下線部(a)について，ヒトの ABO 式血液型に関する記述として**誤っているもの**を，次の ①～④ のうちから一つ選べ。 **25**

① ヒトでは，抗Ａ抗体と抗Ｂ抗体の両方をもつ血液型が存在する。
② AB 型のヒトの血しょうには，ネコの AB 型と同じで抗Ａ抗体も抗Ｂ抗体もない。
③ ヒトでは，ネコと同様に AB 型のホモ接合体が存在する。
④ ヒトでは，Ａ型の遺伝子とＢ型の遺伝子には優劣がない。

問３　上の文章中の **エ** に入る数値として最も適当なものを，次の ① ～ ⑤ のうちから一つ選べ。 **26**

① 4　② 6　③ 24　④ 36　⑤ 48

問４　次の記述ⓐ～ⓓのうち，下線部(b)の内容から導かれる合理的な推論はどれか。その組合せとして最も適当なものを，後の ① ～ ⓪ のうちから一つ選べ。 **27**

ⓐ 抗Ａ抗体は抗Ｂ抗体よりも赤血球を破壊する働きが強い。
ⓑ 母乳中の抗Ａ抗体は子の小腸で消化されず，吸収される。
ⓒ Ｂ型の母親の母乳中には抗Ａ抗体はほとんど含まれないが，Ａ型の母親の母乳中には抗Ｂ抗体は大量に含まれる。
ⓓ Ａ型の子は，Ｂ型の母親の母乳中の抗Ａ抗体を吸収できない。

① ⓐ，ⓑ　② ⓐ，ⓒ　③ ⓐ，ⓓ
④ ⓑ，ⓒ　⑤ ⓑ，ⓓ　⑥ ⓒ，ⓓ
⑦ ⓐ，ⓑ，ⓒ　⑧ ⓐ，ⓑ，ⓓ　⑨ ⓐ，ⓒ，ⓓ
⓪ ⓑ，ⓒ，ⓓ

MEMO

MEMO

MEMO

MEMO

MEMO

MEMO

MEMO

MEMO

(キリトリ線)

東進　共通テスト実戦問題集　理科②　　解答用紙

マーク例

良い例	悪い例
●	⊙ ◐ O ⊗

注意事項

1　訂正は，消しゴムできれいに消し，消しくずを残してはいけません。
2　所定欄以外にはマークしたり，記入したりしてはいけません。
3　汚したり，折りまげたりしてはいけません。

受験番号を記入し，その下のマーク欄にマークしなさい。

受験番号欄				
千位	百位	十位	一位	英字
−	⓪	⓪	⓪	Ⓐ
①	①	①	①	Ⓑ
②	②	②	②	Ⓒ
③	③	③	③	Ⓗ
④	④	④	④	Ⓚ
⑤	⑤	⑤	⑤	Ⓜ
⑥	⑥	⑥	⑥	Ⓡ
⑦	⑦	⑦	⑦	Ⓤ
⑧	⑧	⑧	⑧	Ⓧ
⑨	⑨	⑨	⑨	Ⓨ
−	−	−	−	Ⓩ

氏名・フリガナ，試験場コードを記入しなさい。

フリガナ						
氏名						
試験場コード	十万位	万位	千位	百位	十位	一位

解答番号	解答欄 1 2 3 4 5 6 7 8 9 0 a b	解答番号	解答欄 1 2 3 4 5 6 7 8 9 0 a b	解答番号	解答欄 1 2 3 4 5 6 7 8 9 0 a b
1	①②③④⑤⑥⑦⑧⑨⓪ⓐⓑ	11	①②③④⑤⑥⑦⑧⑨⓪ⓐⓑ	21	①②③④⑤⑥⑦⑧⑨⓪ⓐⓑ
2	①②③④⑤⑥⑦⑧⑨⓪ⓐⓑ	12	①②③④⑤⑥⑦⑧⑨⓪ⓐⓑ	22	①②③④⑤⑥⑦⑧⑨⓪ⓐⓑ
3	①②③④⑤⑥⑦⑧⑨⓪ⓐⓑ	13	①②③④⑤⑥⑦⑧⑨⓪ⓐⓑ	23	①②③④⑤⑥⑦⑧⑨⓪ⓐⓑ
4	①②③④⑤⑥⑦⑧⑨⓪ⓐⓑ	14	①②③④⑤⑥⑦⑧⑨⓪ⓐⓑ	24	①②③④⑤⑥⑦⑧⑨⓪ⓐⓑ
5	①②③④⑤⑥⑦⑧⑨⓪ⓐⓑ	15	①②③④⑤⑥⑦⑧⑨⓪ⓐⓑ	25	①②③④⑤⑥⑦⑧⑨⓪ⓐⓑ
6	①②③④⑤⑥⑦⑧⑨⓪ⓐⓑ	16	①②③④⑤⑥⑦⑧⑨⓪ⓐⓑ	26	①②③④⑤⑥⑦⑧⑨⓪ⓐⓑ
7	①②③④⑤⑥⑦⑧⑨⓪ⓐⓑ	17	①②③④⑤⑥⑦⑧⑨⓪ⓐⓑ	27	①②③④⑤⑥⑦⑧⑨⓪ⓐⓑ
8	①②③④⑤⑥⑦⑧⑨⓪ⓐⓑ	18	①②③④⑤⑥⑦⑧⑨⓪ⓐⓑ	28	①②③④⑤⑥⑦⑧⑨⓪ⓐⓑ
9	①②③④⑤⑥⑦⑧⑨⓪ⓐⓑ	19	①②③④⑤⑥⑦⑧⑨⓪ⓐⓑ	29	①②③④⑤⑥⑦⑧⑨⓪ⓐⓑ
10	①②③④⑤⑥⑦⑧⑨⓪ⓐⓑ	20	①②③④⑤⑥⑦⑧⑨⓪ⓐⓑ	30	①②③④⑤⑥⑦⑧⑨⓪ⓐⓑ

※複数回使用する場合は複写してご利用ください。

東進

共通テスト実戦問題集
生物

ADVANCED BIOLOGY

解答解説編

Answer / Explanation

東進ハイスクール・東進衛星予備校 講師

飯田 高明

IIDA Takaaki

はじめに

本書は，2021年より施行の「大学入学共通テスト(以下，共通テスト)」生物の対策問題集であり，オリジナル問題5回の問題とその解答解説を収録している。オリジナル問題は，共通テストと同じ形式で作成しており，本試験と同レベルの難易度の問題からやや難しめの問題を適度に配分し，受験生の学力をアップできるようにしている。また，解けない問題が出ても，解説をできる限り丁寧にし，速やかに解決できるので，ぜひ活用してほしい。

オリジナル問題の作成に当たっては，2021年「共通テスト第1日程」，2021年「共通テスト第2日程」，2022年「共通テスト本試」，2022年「共通テスト追試」の内容を徹底的に分析した。また，2017年「試行調査」，2018年「試行調査」後に大学入試センターが公表した有識者会議による提言など公表されている方針を踏まえて，可能な限り共通テストの方針に沿った問題にした。共通テストの練習，自身の学力のチェックに役立ててもらいたい。

◆共通テスト「生物」は暗記科目ではない！

よく「生物は暗記科目だから，用語を覚えればいい」という声を聞くが，それは共通テストではまったく通用しない。2021年「共通テスト第1日程」，2021年「共通テスト第2日程」，2022年「共通テスト本試」，2022年「共通テスト追試」をひも解くと，単純に用語を問う問題は皆無である。だから，用語をひたすらに覚える勉強は不毛である。

ただし，用語を知らなくても解けるかというとそうでもない。例えば，実際にリード文に「同義置換」「非同義置換」という用語を用いた問題が出題されているが，これらの用語の意味を正確に理解していないと問題そのものを解くことができない。用語の意味を理解し，かつリード文や実験の内容を正確に理解する能力が必要なのである。本書でも，単純暗記で済むような問題は一切出題していないので，意識して取り組んでほしい。

◆共通テスト「生物」には生物基礎や中学校理科の内容も入る。

共通テストには「生物」と「生物基礎」があるのだから，それぞれ別々に勉強すればいいと思われがちだが，それは大きな勘違いである。共通テスト「生物」には，実は，生物基礎と中学理科の内容が入る。これは，共通テスト「生物」が総合力を試すという方針に根差している。したがって，中学理科や生物基礎の内容をしっかり理解した上で，生物に取り組む必要がある。本書にも，中学理科や生物基礎の内容を絡めた総合問題を出題しているので，ぜひ，総合力を鍛えてほしい。

◆共通テスト「生物」で高得点をとるために

本書を手に取ったからには，共通テスト「生物」で高得点を狙いたい。まずは，本書を1回分だけ取り組んでほしい。その後，採点して得点を出してみよう。それが今の君の実力である。その後，どこが間違っているか，どの単元が苦手なのかを確認してほしい。さらに，知識不足でリード文の内容が読めなかったのか，グラフや表を正しく解析できなかったのかなど，じっくりと分析してほしい。この一手間を省いて，2回目以降に取り組んでも，同じようなミスを繰り返すだけである。まずは1回だけ取り組んで，分析して，解説をじっくり読んで，教科書も併用して，間違った箇所の内容，および周辺の知識をチェックしてほしい。それから2回目以降に取り組もう。

本書は，この作業を5回も繰り返すことができる。また，本書は合計30問の大問を扱っているが，単元をできる限り広げ，生物の教科書の広範囲をカバーしている。ぜひ，5回分を使い倒して，入試本番で高得点をとってほしい。

2023年2月　飯田高明

この画像をスマートフォンで読み取ると，ワンポイント解説動画が視聴できます（以下同）。

本書の特長

❶ 実戦力が身につく問題集

本書では，膨大な資料を徹底的に分析し，その結果に基づいて共通テストと同じ形式・レベルのオリジナル問題を計５回分用意した。

共通テストで高得点を得るためには，大学教育を受けるための基礎知識はもとより，思考力や判断力など総合的な力が必要となる。そのような力を養うためには，何度も問題演習を繰り返し，出題形式に慣れ，出題の意図をつかんでいかなければならない。本書に掲載されている問題は，その訓練に最適なものばかりである。本書を利用し，何度も問題演習に取り組むことで，実戦力を身につけていこう。

❷ 東進実力講師によるワンポイント解説動画

「はじめに」と各回の解答解説冒頭(扉)に，ワンポイント解説動画のＱＲコードを掲載。スマートフォンなどで読み取れば，解説動画が視聴できる仕組みになっている。解説動画を見て，共通テストの全体概要や各大問の出題傾向をつかもう。

【解説動画の内容】

解説動画	ページ	解説内容
はじめに	3	共通テストの特徴を理解しよう
第１回	15	対照実験を理解しよう
第２回	33	実験計画を立てよう
第３回	53	集団遺伝の基礎をマスターしよう
第４回	71	遺伝をマスターしておこう
第５回	89	基礎知識をもとにグラフを解釈できるようにしよう

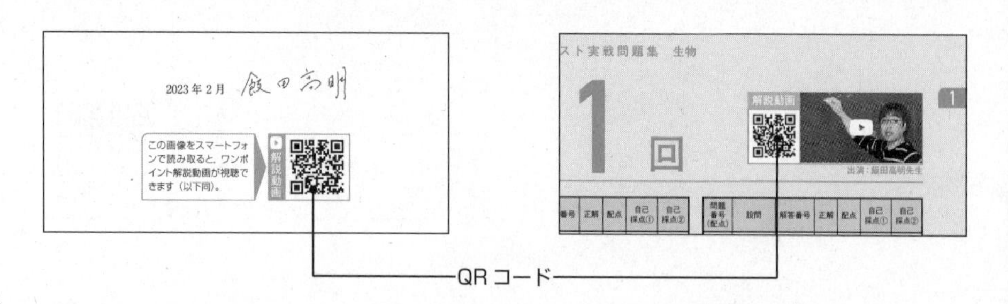
2023年2月
この画像をスマートフォンで読み取ると，ワンポイント解説動画が視聴できます（以下同）。
解説動画
スト実戦問題集　生物
1回
解説動画
出演：飯田高明先生
QRコード

③ 詳しくわかりやすい解説

本書では，入試問題を解くための知識や技能が修得できるよう，様々な工夫を凝らしている。問題を解き，採点を行ったあとは，しっかりと解説を読み，復習を行おう。

【解説の構成】

❶解答一覧

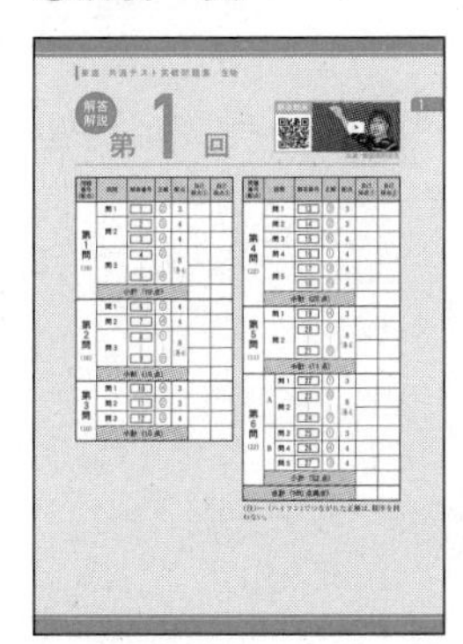

正解と配点の一覧表。各回の扉に掲載。マークシートの答案を見ながら，自己採点欄に採点結果を記入しよう。

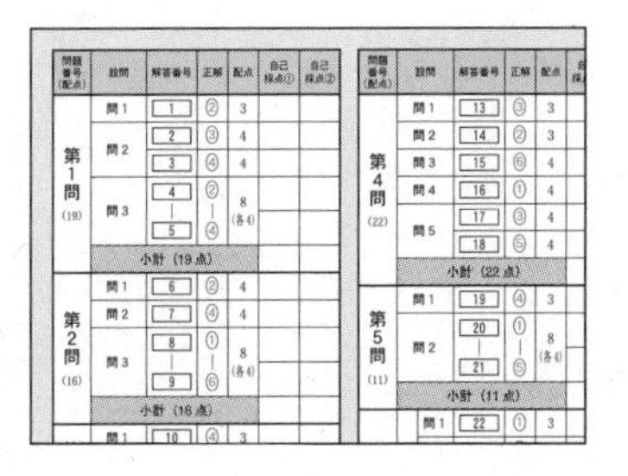

問題番号(配点)	設問	解答番号	正解	配点	自己採点①	自己採点②
第1問 (19)	問1	1	②	3		
	問2	2	③	4		
		3	④	4		
	問3	4 〜 5	② 〜 ④	8 (各4)		
	小計（19点）					
第2問 (16)	問1	6	②	4		
	問2	7	④	4		
	問3	8 〜 9	① 〜 ⑥	8 (各4)		
	小計（16点）					
	問1	10	④	3		

問題番号(配点)	設問	解答番号	正解	配点
第4問 (22)	問1	13	③	3
	問2	14	②	3
	問3	15	⑥	4
	問4	16	①	4
	問5	17	③	4
		18	⑤	4
	小計（22点）			
第5問 (11)	問1	19	④	3
	問2	20 〜 21	① 〜 ⑤	8 (各4)
	小計（11点）			
	問1	22	①	3

❷解説

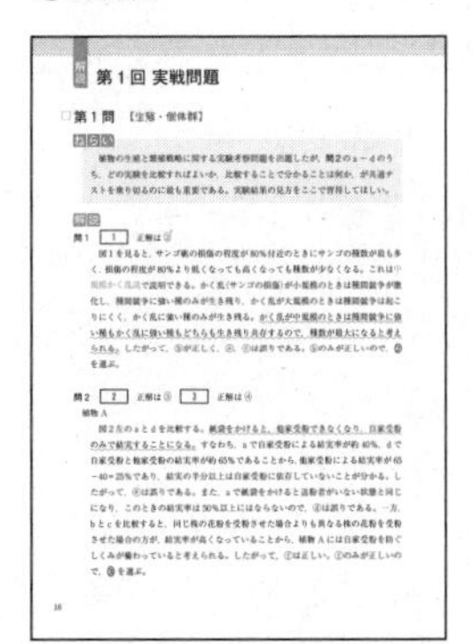

設問の解説に入る前に，「出題分野」と「出題のねらい」を説明する。まずは，こちらを確認して出題者の視点をつかもう。設問ごとの解説では，知識や解き方をわかりやすく説明する。

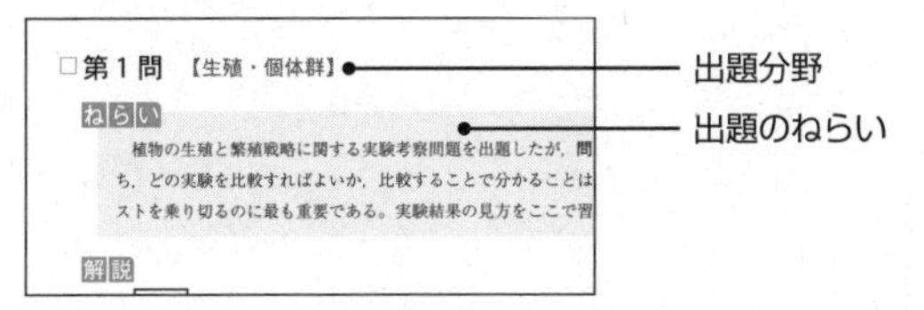

□第１問　【生殖・個体群】

ねらい

植物の生殖と繁殖戦略に関する実験考察問題を出題したが，問
ち，どの実験を比較すればよいか，比較することで分かることは
ストを乗り切るのに最も重要である。実験結果の見方をここで習

解説

本書の使い方

別冊　問題編

本書は，別冊に問題，本冊に解答解説が掲載されている。まずは，別冊の問題を解くところから始めよう。

❶ 注意事項を読む

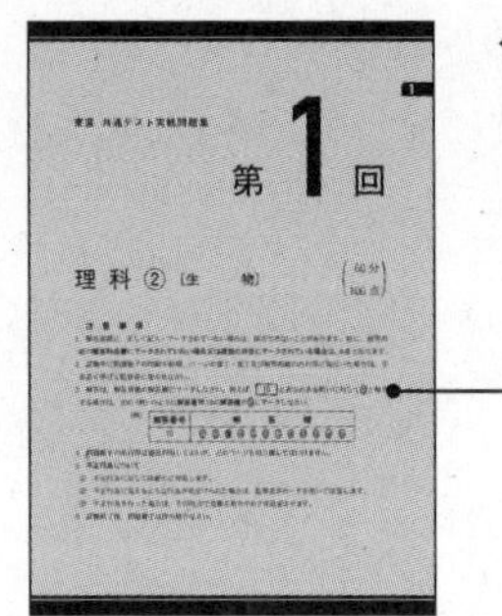
東進 共通テスト実戦問題集

第1回

理科②〔生　物〕

（60分 100点）

注意事項

◀問題編 扉

問題編各回の扉に，問題を解くにあたっての注意事項を掲載。本番同様，問題を解く前にしっかりと読もう。

❷ 問題を解く

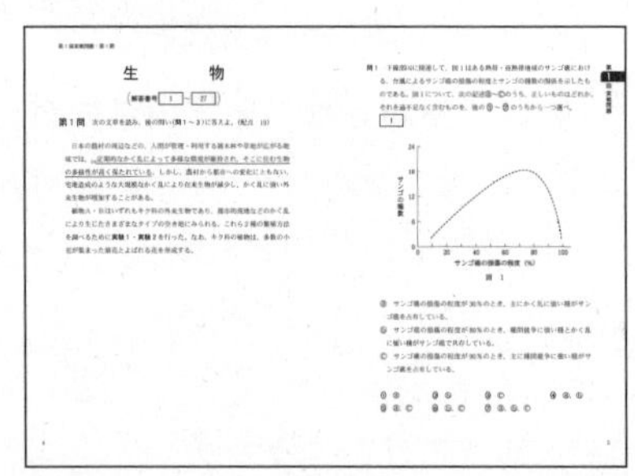
生　物

◀問題（全5回収録）

実際の共通テストの問題を解く状況に近い条件で問題を解こう。タイマーを60分に設定し，時間厳守で解答すること。

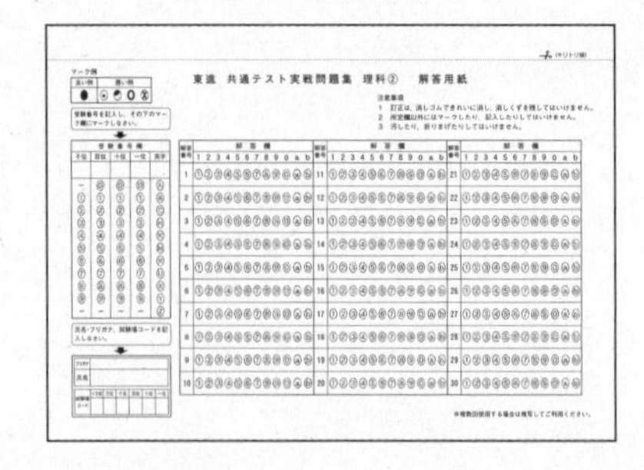
東進 共通テスト実戦問題集 理科②　解答用紙

◀マークシート

解答は本番と同じように，付属のマークシートに記入するようにしよう。複数回実施するときは，コピーをして使おう。

本冊　解答解説編

❶ 採点をする／ワンポイント解説動画を視聴する

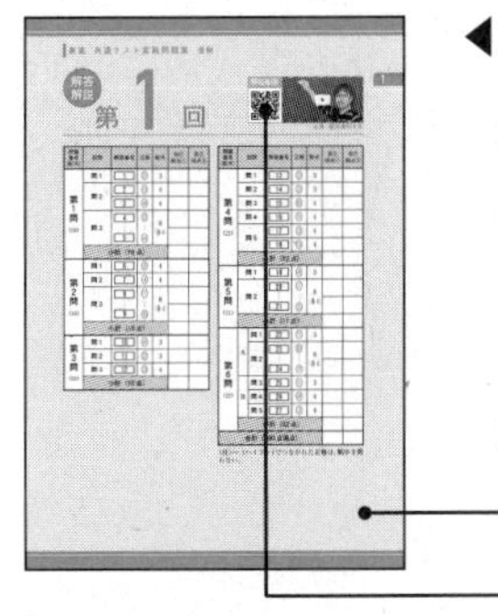

◀**解答解説編 扉**

各回の扉には，正解と配点の一覧表が掲載されている。問題を解き終わったら，正解と配点を見て採点しよう。また，右上部のＱＲコードをスマートフォンなどで読み取ると，著者によるワンポイント解説動画を見ることができる。

配点表

QR コード（扉のほかに，「はじめに」にも掲載）

❷ 解説を読む

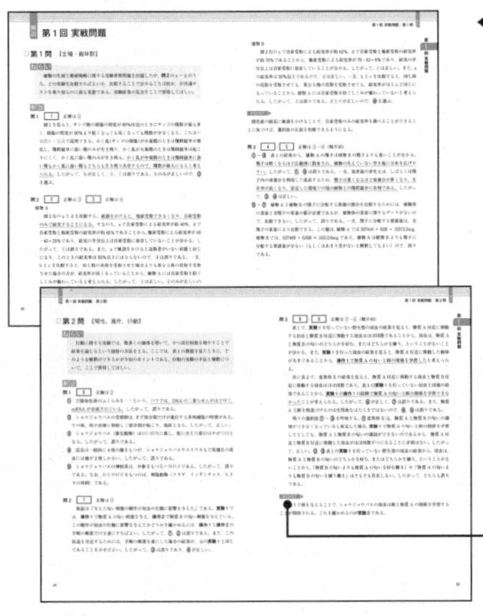

◀**解答解説**

解説を熟読してから，該当する分野の教科書を開いてみよう。教科書の中で「理解できているところ」と「理解できていないところ」が鮮明になるはずだ。そのうえで，解けなかった問題はどの知識が欠けて解けなかったのかを分析しよう。

Point
（問題を解くうえで，おさえておきたい点）

❸ 復習する

再びタイマーを 60 分に設定して，マークシートを使いながら解き直そう。

目次

特集①～共通テストについて～

1 大学入試の種類

大学入試は「**一般選抜**」と「**特別選抜**」に大別される。一般選抜は高卒（見込）・高等学校卒業程度認定試験合格者（旧大学入学資格検定合格者）ならば受験できるが，特別選抜は大学の定めた条件を満たさなければ受験できない。

❶一般選抜

一般選抜は１月に実施される「**共通テスト**」と，主に２月から３月にかけて実施される大学独自の「**個別学力検査**」（以下，**個別試験**）のことを指す。国語，地理歴史（以下，地歴），公民，数学，理科，外国語といった学力試験による選抜が中心となる。

国公立大では，１次試験で共通テスト，２次試験で個別試験を課し，これらを総合して合否が判定される。

一方，私立大では，大きく分けて①**個別試験のみ**，②**共通テストのみ**，③**個別試験と共通テスト**，の３通りの型があり，②③を「**共通テスト利用方式**」と呼ぶ。

❷特別選抜

特別選抜は「**学校推薦型選抜**」と「**総合型選抜**」に分かれる。

学校推薦型選抜とは，出身校の校長の推薦により，主に調査書で合否を判定する入試制度である。大学が指定した学校から出願できる「**指定校制推薦**」と，出願条件を満たせば誰でも出願できる「**公募制推薦**」の大きく２つに分けられる。

総合型選抜は旧「ＡＯ入試」のことで，大学が求める人物像（アドミッション・ポリシー）と受験生を照らし合わせて合否を判定する入試制度である。

かつては原則として学力試験が免除されていたが，近年は学力要素の適正な把握が求められ，国公立大では共通テストを課すことが増えてきている。

❷ 共通テストの基礎知識

2021年度入試（2021年1月実施）より「大学入試センター試験」（以下，センター試験）に代わって始まった共通テストは，「独立行政法人 大学入試センター」が運営する**全国一斉の学力試験**である。

❶センター試験からの変更点

大きな変更点としては，①英語でリーディングとリスニングの**配点比率が一対一**になったこと（各大学での合否判定における点数の比重は，大学によって異なるので注意），②今までの「知識・技能」中心の出題だけではなく「**思考力・判断力・表現力**」を評価する出題が追加されたこと，の2つが挙げられる。

少子化や国際競争が進む中，2013年に教育改革の提言がなされ，大学入試改革を含む教育改革が本格化した。そこでは，これからの時代に必要な力として，①知識・技能の確実な修得，②（①をもとにした）思考力・判断力・表現力，③主体性を持って多様な人々と協働して学ぶ態度，の「**学力の3要素**」が必要とされ，センター試験に代わって共通テストでそれらを評価するための問題が出題されることとなった。

❷出題形式

共通テストは，旧センター試験と同様の**マークシート方式**である。選択肢から正解を選び，マークシートの解答番号を鉛筆で塗りつぶしていくが，マークが薄かったり，枠内からはみ出ていたりする場合には機械で読み取れないことがある。また，マークシートを提出せず持ち帰ってしまった場合は0点になる。このように，正解しても得点にならない場合があるので注意が必要だ。

なお，共通テストの実際の成績がわかるのは大学入試が終わったあとになる。そのため，**自分の得点は自己採点でしか把握できない**。国公立大入試など，共通テストの自己採点結果をもとに出題校を決定する場合があるので，必ず問題冊子に自分の解答を記入しておこう。

❸出題教科・科目の出題方法（2023年度入試）

教科	出題科目	出題方法等	科目選択の方法等	試験時間（配点）
国語	『国語』	「国語総合」の内容を出題範囲とし，近代以降の文章，古典（古文，漢文）を出題する。		80分（200点）
地理歴史 公民	「世界史A」「世界史B」「日本史A」「日本史B」「地理A」「地理B」「現代社会」「倫理」「政治・経済」『倫理，政治・経済』	『倫理，政治・経済』は，「倫理」と「政治・経済」を総合した出題範囲とする。	左記出題科目の10科目のうちから最大2科目を選択し，解答する。 ただし，同一名称を含む科目の組合せで2科目を選択することはできない。なお，受験する科目数は出願時に申し出ること。	〈1科目選択〉 60分（100点） 〈2科目選択〉 130分（うち解答時間120分）（200点）
数学①	「数学Ⅰ」 『数学Ⅰ・数学A』	『数学Ⅰ・数学A』は，「数学Ⅰ」と「数学A」を総合した出題範囲とする。ただし，次に記す「数学A」の3項目の内容のうち，2項目以上を学習した者に対応した出題とし，問題を選択解答させる。〔場合の数と確率，整数の性質，図形の性質〕	左記出題科目の2科目のうちから1科目を選択し，解答する。	70分（100点）
数学②	「数学Ⅱ」 『数学Ⅱ・数学B』 『簿記・会計』 『情報関係基礎』	『数学Ⅱ・数学B』は，「数学Ⅱ」と「数学B」を総合した出題範囲とする。ただし，次に記す「数学B」の3項目の内容のうち，2項目以上を学習した者に対応した出題とし，問題を選択解答させる。〔数列，ベクトル，確率分布と統計的な推測〕 『簿記・会計』は，「簿記」及び「財務会計Ⅰ」を総合した出題範囲とし，「財務会計Ⅰ」については，株式会社の会計の基礎的事項を含め，【財務会計の基礎】を出題範囲とする。 『情報関係基礎』は，専門教育を主とする農業，工業，商業，水産，家庭，看護，情報及び福祉の8教科に設定されている情報に関する基礎的科目を出題範囲とする。	左記出題科目の4科目のうちから1科目を選択し，解答する。 ただし，科目選択に当たり，『簿記・会計』及び『情報関係基礎』の問題冊子の配布を希望する場合は，出願時に申し出ること。	60分（100点）
理科①	「物理基礎」 「化学基礎」 「生物基礎」 「地学基礎」		左記出題科目の8科目のうちから下記のいずれかの選択方法により科目を選択し，解答する。 A：理科①から2科目 B：理科②から1科目 C：理科①から2科目及び理科②から1科目 D：理科②から2科目 なお，受験する科目の選択方法は出願時に申し出ること。	【理科①】 〈2科目選択〉 60分（100点） 【理科②】 〈1科目選択〉 60分（100点） 〈2科目選択〉 130分（うち解答時間120分）（200点）
理科②	「物理」 「化学」 「生物」 「地学」			
外国語	『英語』『ドイツ語』 『フランス語』 『中国語』『韓国語』	『英語』は，「コミュニケーション英語Ⅰ」に加えて「コミュニケーション英語Ⅱ」及び「英語表現Ⅰ」を出題範囲とし，【リーディング】と【リスニング】を出題する。 なお，【リスニング】には，聞き取る英語の音声を2回流す問題と，1回流す問題がある。	左記出題科目の5科目のうちから1科目を選択し，解答する。 ただし，科目選択に当たり，『ドイツ語』，『フランス語』，『中国語』及び『韓国語』の問題冊子の配布を希望する場合は，出願時に申し出ること。	『英語』 【リーディング】 80分（100点） 【リスニング】 60分（うち解答時間30分）（100点） 『ドイツ語』『フランス語』『中国語』『韓国語』 【筆記】 80分（200点）

【備考】
1 「　」で記載されている科目は，高等学校学習指導要領上設定されている科目を表し，『　』はそれ以外の科目を表す。
2 地理歴史及び公民の「科目選択の方法等」欄中の「同一名称を含む科目の組合せ」とは，「世界史A」と「世界史B」，「日本史A」と「日本史B」，「地理A」と「地理B」，「倫理」と『倫理，政治・経済』及び「政治・経済」と『倫理，政治・経済』の組合せをいう。
3 地理歴史及び公民並びに理科②の試験時間において2科目を選択する場合は，解答順に第1解答科目及び第2解答科目に区分し各60分間で解答を行うが，第1解答科目及び第2解答科目の間に答案回収等を行うために必要な時間を加えた時間を試験時間とする。
4 理科①については，1科目のみの受験は認めない。
5 外国語において『英語』を選択する受験者は，原則として，リーディングとリスニングの双方を解答する。
6 リスニングは，音声問題を用い30分間で解答を行うが，解答開始前に受験者に配付したICプレーヤーの作動確認・音量調節を受験者本人が行うために必要な時間を加えた時間を試験時間とする。

特集②～共通テスト「生物」の傾向と対策～

◆大問の構成と配点

共通テストは，大問は6問出題される。また，各大問は，多くは複数の単元からなる総合問題であり，生物基礎や中学理科の内容も多く取り入れられている。大問の中には，A，Bに分けられ，それぞれまったく異なる内容が出題されるものもあり，思考の切り替えが必要である。また，分量および配点が大問ごとに異なるため，制限時間内で解くには慣れが必要である。

2022年度共通テスト本試

大問	単元	出題内容	配点
1	生物の進化と系統	ヒトの進化 霊長類の分子系統樹	12
2	A 生態と環境 B 生命現象と物質 遺伝（中学校理科）	A 植物個体群どうしの競争に与える病原菌の影響 B トランスジェニック植物の作製 センス鎖とアンチセンス鎖遺伝	22
3	生殖と発生 生物と遺伝子（生物基礎）	Hox 遺伝子 細胞周期 肢芽の発生と遺伝子の発現	19
4	生物の環境応答	アリの行列の選択と道標フェロモン	12
5	生物の進化と系統 生殖と発生 生物の環境応答	被子植物の特徴 連鎖と組換え ショウジョウバエの個眼の分化と光走性	16
6	生殖と発生 生物の環境応答	種子の形成 イネの花粉形成と低温耐性，ジベレリンと低温耐性 糖やアミノ酸と低温耐性	19

◆出題形式と内容

共通テストでは，「●●を何というか。」など私大・国公立二次試験でみられるような用語を直接問う問題は皆無であり，ある現象について「能動輸送」か「受動輸送」かを選択させたり，文章選択問題で知識を確認する問題が出題されている。ただし，共通テストの主体は，実験考察問題や計算問題など思考力を試す問題である。これらの実験考察問題や計算問題は，教科書の内容(知識や考え方)が身についていることが前提となっていることが多く，既存の知識と実験データを結びつけて考える力が求められる。

◆学習アドバイス

共通テストは，覚えておけば解けるような知識問題は少ないので，丸暗記の勉強方法では高得点は望めない。ただし，「能動輸送」と「受動輸送」,「同義置換」と「非同義置換」など，用語のもつ意味をしっかり理解しておく必要がある。

また, 大問が, 教科書の複数の単元を絡めて出題されることが多いので, まずは, 教科書の全範囲を学習し終えてから，共通テスト対策に取り組むと効果的である。また，中学理科，生物基礎の内容も問題を解く際には必要になるので，少なくとも生物基礎と中学理科の遺伝はしっかりと復習しておきたい。

共通テストで主体となる実験考察問題であるが，まずはリード文の内容が理解できるか，理解できた上で，図，表の見方ができるか，対照実験と比較して考察することができているかがポイントとなる。これらを身につけるには，「習うより慣れろ」である。多くの問題に接し，失敗を繰り返しながら正答率を上げていこう。これが動物行動学でいう「学習」そのものなのである。

解答解説 第1回

出演：飯田高明先生

問題番号(配点)	設問	解答番号	正解	配点	自己採点①	自己採点②
第1問 (19)	問1	1	②	3		
	問2	2	⑥	4		
		3	④	4		
	問3	4－5	②－④	8(各4)		
	小計（19点）					
第2問 (16)	問1	6	②	4		
	問2	7	④	4		
	問3	8－9	①－⑥	8(各4)		
	小計（16点）					
第3問 (10)	問1	10	④	3		
	問2	11	②	3		
	問3	12	③	4		
	小計（10点）					

問題番号(配点)	設問		解答番号	正解	配点	自己採点①	自己採点②
第4問 (22)		問1	13	③	3		
		問2	14	②	3		
		問3	15	⑥	4		
		問4	16	①	4		
		問5	17	③	4		
			18	⑤	4		
	小計（22点）						
第5問 (11)		問1	19	④	3		
		問2	20－21	①－⑤	8(各4)		
	小計（11点）						
第6問 (22)	A	問1	22	①	3		
		問2	23－24	⑥－⑦	8(各4)		
	B	問3	25	①	3		
		問4	26	④	4		
		問5	27	③	4		
	小計（22点）						
合計（100点満点）							

(注)―（ハイフン）でつながれた正解は，順序を問わない。

解説 第１回 実戦問題

□第１問 【生殖・個体群】

ねらい

植物の生殖と繁殖戦略に関する実験考察問題を出題したが，**問２**のａ～ｄのうち，どの実験を比較すればよいか，比較することでわかることは何か，が共通テストを乗り切るのに最も重要である。実験結果の見方をここで習得してほしい。

解説

問１ 1 正解は②

図１を見ると，サンゴ礁の損傷の程度が80％付近のときにサンゴの種数が最も多く，損傷の程度が80％より低くなっても高くなっても種数が少なくなる。これは中規模かく乱説で説明できる。かく乱（サンゴの損傷）が小規模のときは種間競争が激化し，種間競争に強い種のみが生き残り，かく乱が大規模のときは種間競争は起こりにくく，かく乱に強い種のみが生き残る。かく乱が中規模のときは種間競争に強い種もかく乱に強い種もどちらも生き残り共存するので，種数が最大になると考えられる。したがって，ⓑが正しく，ⓐ，ⓒは誤りである。ⓑのみが正しいので，②を選ぶ。

問２ 2 正解は⑥ 3 正解は④

植物Ａ

図２左のａとｄを比較する。紙袋をかけると，他家受粉できなくなり，自家受粉のみで結実することになる。すなわち，ａで自家受粉による結実率が約40％，ｄで自家受粉と他家受粉の結実率が約65％であることから，他家受粉による結実率が65－40＝25％であり，結実の半分以上は自家受粉に依存していることがわかる。したがって，ⓔは正しい。また，ａで紙袋をかけると送粉者がいない状態と同じになり，このときの結実率は50％以上にはならないので，ⓓは誤りである。一方，ｂとｃを比較すると，同じ株の花粉を受粉させた場合よりも異なる株の花粉を受粉させた場合の方が，結実率が高くなっていることから，植物Ａには自家受粉を防ぐしくみが備わっていると考えられる。したがって，ⓕは正しい。ⓔとⓕが正しいので，⑥を選ぶ。

植物Ｂ

図２右のａで自家受粉による結実率が約62%，ｄで自家受粉と他家受粉の結実率が約70%であることから，他家受粉による結実率が70－62＝8%であり，結実の半分以上は自家受粉に依存していることがわかる。したがって，ⓔは正しい。また，ａの結実率は50%以上であるので，ⓓは正しい。一方，ｂとｃを比較すると，同じ株の花粉を受粉させても，異なる株の花粉を受粉させても，結実率がほとんど同じになっていることから，植物Ｂには自家受粉を防ぐしくみが備わっていないと考えられる。したがって，ⓕは誤りである。ⓓとⓔが正しいので，④ を選ぶ。

POINT ▶

開花前の頭花に紙袋をかけることで，自家受粉のみの結実率を調べることができることに気づけば，選択肢の正誤を判断できるようになる。

問３ 　4 ・ 5 　正解は ②・④（順不同）

①～④　表１の結果から，植物Ａの種子は植物Ｂの種子よりも重いことがわかる。種子は軽くなるほど広範囲に散布され，植物の生えていない空き地に分布を広げやすい。したがって，①，③ は誤りである。一方，発芽後の芽生えは，しばらくは種子内の栄養分を利用して成長するため，種子は重くなるほど(栄養分が多くなるほど)生存率が高くなり，安定した環境での他の植物との種間競争に有利である。したがって，②，④ は正しい。

⑤～⑦　植物Ａと植物Ｂの種子に分配する資源の割合を比較するためには，植物体の重量と全種子の重量の値が必要であるが，植物体の重量に関するデータがないので，比較できない。したがって，誤りである。一方，種子に分配する資源量は，全種子の重量により比較できる。この値は，植物Ａでは 307444 × 0.05 ＝ 15372.2mg，植物Ｂでは，627409 × 0.026 ≒ 16312.6mg であり，植物Ａは植物Ｂよりも種子に分配する資源量が少ない(もしくはあまり差がないと解釈してもよい)ので，誤りである。

□第2問　【発生，進化，行動】

ねらい

行動に関する実験では，数多くの個体を用いて，かつ試行回数を増やすことで結果を論じるという独特の方法をとる。ここでは，表1・2の数値を見たときに，どのような解釈ができるかが今回のポイントである。行動の実験の手法と解釈について，ここで習得してほしい。

解説

問1　[6]　正解は②

① だ腺染色体のふくらみをパフという。パフでは，DNAの二重らせんがほどけて，mRNAが合成されている。したがって，誤りである。

② ショウジョウバエの受精卵は，まず核分裂だけが進行する多核体の時期がある。その後，核が表層に移動して部分割が起こり，胞胚となる。したがって，正しい。

③ ショウジョウバエ(節足動物)は旧口動物に属し，胚に生じた原口はやがて口となる。したがって，誤りである。

④ 昆虫は一般的に4枚の翅をもつが，ショウジョウバエやユスリカなど双翅目の成虫には翅が2枚しかない。したがって，誤りである。

⑤ ショウジョウバエの神経系は，中枢をもつ集中神経系である。したがって，誤りである。なお，散在神経系をもつのは，刺胞動物(クラゲ，イソギンチャク，ヒドラの仲間)である。

問2　[7]　正解は④

仮説は「与えた匂い刺激の順序が幼虫の行動に影響を与えた」ことである。**実験1**では，**操作1**で物質Aの匂い刺激を与え，**操作2**で物質Bの匂い刺激を与えている。この順序が幼虫の行動に影響を与えたかどうかを確かめるには，**操作1**と**操作2**の手順の順番だけを逆にすればよい。したがって，①，②は誤りである。また，この仮説を否定するためには，手順の順番を逆にした場合の結果が，元の**実験1**と同じであることを示せばよい。したがって，③は誤りであり，④が正しい。

問３　8 ・ 9　正解は ① ・ ⑥（順不同）

表１で，**実験１**を行っていない野生型の幼虫の結果を見ると，物質Ａ付近に移動する幼虫と物質Ｂ付近に移動する幼虫はほぼ同数であることから，幼虫は，物質Ａと物質Ｂの匂いのどちらかを好む，またはどちらかを嫌う，ということがないことがわかる。したがって，②，③は誤りである。また，**実験１**を行った幼虫の結果を見ると，物質Ａ付近に移動した個体が大半であることから，**操作１**で物質Ａの匂いと餌の関係を学習したと考えられる。

次に表２で，変異体Ｘの結果を見ると，物質Ａ付近に移動する幼虫と物質Ｂ付近に移動する幼虫はほぼ同数であり，表１の**実験１**を行っていない幼虫と同様の結果であることから，**実験１**の**操作１**の段階で物質Ａの匂いと餌の関係を学習できなかったことが考えられる。したがって，⑥が正しく，⑦は誤りである。また，物質Ａと餌を関連づけるのは生得的なはたらきではないので，④，⑤は誤りである。

残りの選択肢①～③を吟味する。①変異体Ｘは，物質Ａと物質Ｂの匂いの識別ができなくなっていると仮定した場合，**実験１**で物質Ａの匂いと餌の関係を学習したとしても，物質Ａと物質Ｂの匂いの識別ができないのであるから，物質Ａ付近と物質Ｂ付近に移動した幼虫がほぼ同数ずつになることに矛盾はない。したがって，正しい。②，③表１の**実験１**を行っていない野生型の幼虫の結果から，幼虫は，物質Ａと物質Ｂの匂いのどちらかを好む，またはどちらかを嫌う，ということがないことから，「物質Ｂの匂いよりも物質Ａの匂いを好むはたらき」や「物質Ａの匂いよりも物質Ｂの匂いを嫌うはたらき」はそもそも存在しない。したがって，どちらも誤りである。

POINT

実験１で餌を与えることで，ショウジョウバエの幼虫は餌と物質Ａの関係を学習することが期待される。これを確かめるのが**実験２**である。

□第3問 【遺伝子，酵素】

ねらい

共通テストでは，会話文形式の問題も出題される。会話で繰り広げられるディスカッションの内容を理解できるかが重要である。ディスカッションが成立するためには，基礎知識があることが前提になるので，転写・翻訳および酵素反応の基礎知識を身につけていることが大事である。

解説

問1 10 正解は ④

図1の酵素反応は，次の順序で進行する。

酵素 ＋ 基質 → 酵素－基質複合体 → 酵素 ＋ 生成物

ここで，基質濃度が高くなっていくと，酵素と基質が結合しやすくなり，酵素－基質複合体(ア)濃度が高くなる。しかし，すべての酵素(イ)が基質と結合して酵素－基質複合体の状態になると，それ以上基質を増やしても，酵素－基質複合体は増えないので，反応速度はそれ以上上昇しない。したがって，④が正しい。

問2 11 正解は ②

図1の酵素Xと遺伝子Xの1塩基置換の結果生じた酵素x1のグラフがまったく同じであることから，酵素x1の活性部位の立体構造は酵素Xとまったく同じ，もしくは変化したmRNAのコドンが変化して異なるアミノ酸を指定しても，そのアミノ酸が酵素x1の活性部位の立体構造に影響を与えていなかった可能性がある。

① 酵素Xと異なるアミノ酸を指定した場合，酵素x1の活性部位の立体構造が変化する可能性がある。したがって，誤りである。

② 酵素Xと同じアミノ酸を指定した場合，酵素x1の活性部位の立体構造が変化する可能性は皆無である。したがって，正しい。

③ アミノ酸を指定していたmRNAのコドンが，終止コドンに変化した場合，翻訳がそこで停止するので，酵素x1は酵素Xよりもアミノ酸配列が短くなり，活性部位の立体構造が変化する可能性がある。したがって，誤りである。

④ mRNAのコドンが終止コドンであったのが，アミノ酸を指定するコドンに変化し

た場合，翻訳が停止しないので，酵素 x1 は酵素 X よりもアミノ酸配列が長くなり，活性部位の立体構造が変化する可能性がある。したがって，誤りである。

問3 12 正解は ③

ⓐ 活性部位は酵素の一部であり，活性部位を指定する mRNA の領域の上流には開始コドンはあっても終止コドンはない。したがって，誤りである。

ⓑ 酵素の活性部位を指定する mRNA の領域には，アミノ酸を指定するコドンしかなく，終止コドンはそもそも存在しない。したがって，誤りである。

ⓒ 酵素の活性部位を指定する mRNA の領域のうち，1塩基置換によってアミノ酸を指定するコドンが終止コドンになる可能性は十分にあり，この場合，活性部位の一部が欠損し，酵素 x2 は活性を失う。これは図1の結果と矛盾はない。したがって，正しい。

ⓒのみが正しいので，③ を選ぶ。

□第4問 【遺伝子，進化】

ねらい

進化の分野は，基礎知識の分量が多く，また考察問題も難易度の高いものが多い。ここでは，植物の系統についての基礎知識を問うとともに，データ考察問題を出題しているが，**問3と問4**で，知識とデータをつなげて考える力を身につけてほしい。

解説

問1 13 正解は ③

① コケ植物では，配偶体上に胞子体が生じ，胞子体は配偶体に栄養分を依存する寄生生活をしている。胞子体が配偶体(前葉体)から独立して生活しているのはシダ植物である。したがって，誤りである。

② コケ植物もシダ植物も，核相nの配偶体上に造卵器を形成する。造卵器内では体細胞分裂によって核相nの卵細胞が生じる。したがって，誤りである。

③ コケ植物の本体は配偶体であり，胞子体は配偶体に寄生生活している。一方，シダ植物の本体は胞子体であり，配偶体(前葉体)は非常に小さく，ベニシダでは約5mm程度の大きさである。したがって，正しい。

④ ロボクは古生代石炭紀に大森林を形成した木生シダ植物である。したがって，誤りである。

⑤ クックソニアは最古の植物化石であり，コケ植物ともシダ植物とも違う植物である。最古のシダ植物の化石はリニアである。したがって，誤りである。

確認

コケ植物：胞子体が配偶体に寄生生活。

シダ植物：胞子体が配偶体から独立して生活。

問2 14 正解は ②

① 花粉管内の２個の精細胞のうち，片方は卵細胞と受精し，もう片方は中央細胞と合体する受精様式を重複受精という。重複受精は被子植物特有の受精様式であるので，正しい。

② コケ植物やシダ植物では，造精器内の精子が水中を泳いで造卵器内の卵細胞と受精する。一方，裸子植物（イチョウとソテツを除く）や被子植物では，花粉管内を精細胞が移動して胚のう中の卵細胞と受精するので，受精に外部の水を必要としない。したがって，誤りである。

③ 胚珠が子房に包まれているのは被子植物のみであり，裸子植物は胚珠が子房に包まれておらず，むき出しである。したがって，正しい。

④ 色鮮やかな花弁が発達しているのは被子植物のみであり，発達した花弁を用いて昆虫などの送粉者を誘引している。裸子植物は花弁が発達しておらず，多くは昆虫など送粉者を利用しない風媒花を形成する。したがって，正しい。

問3 15 正解は ⑥

維管束は，シダ植物と種子植物に共通の形質であり，コケ植物にはない。したがって，シダ植物と種子植物が分岐する前の3（ ア ）の段階で維管束が獲得され，それがシダ植物，種子植物に受け継がれた可能性がある。また，シダ植物と種子植物が分岐してから4，5（ イ ）の段階でそれぞれ独立に維管束が獲得された可能性もある。したがって，⑥が正しい。なお，ここでは扱わなかったが，1の段階で維管束が獲得されて，2の段階で維管束を喪失した可能性もある。このように，あらゆる可能性を考え，**問4**で最も適当な系統樹を選ぶ必要がある。

問4 16 正解は ①

最節約法では，形質変化の回数が最も少ない系統樹を最適の系統樹とする。

図2の（ⅰ） 下図の1で，1回維管束の獲得があったと考えられる。

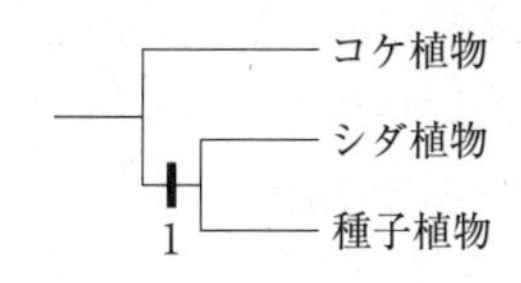

図2の（ⅱ） 下図の1で維管束の獲得，2で維管束の喪失があったと考えられる。

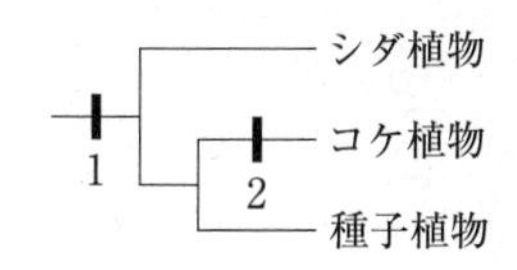

また，下図のように，1と2で独立に維管束の獲得があったとも考えられる。

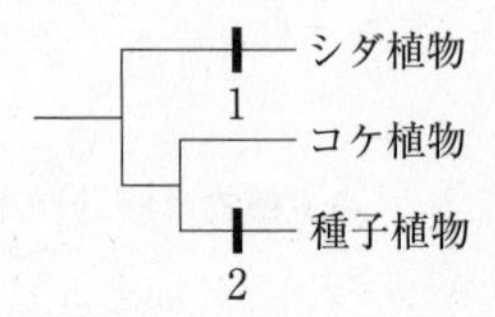

図2の(iii)　下図の1で維管束の獲得，2で維管束の喪失があったと考えられる。

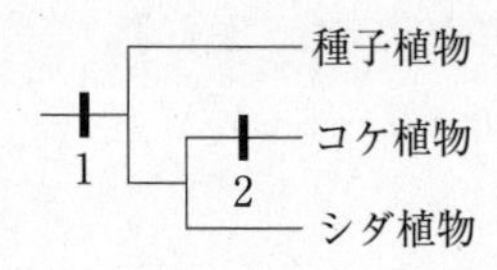

また，下図のように，1と2で独立に維管束の獲得があったとも考えられる。

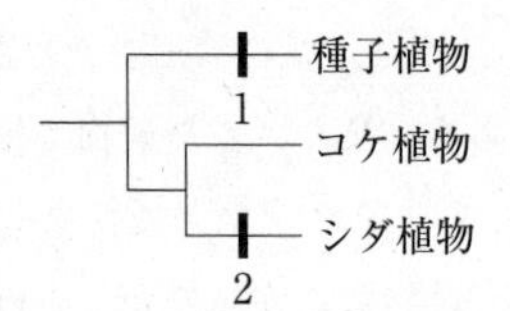

したがって，最少の形質変化（維管束の獲得もしくは喪失）の回数は，図2の(i)では1(ウ)回，(ii)では2(エ)回，(iii)では2(オ)回となり，形質変化の回数が最も少ない図2の(i)(カ)が最適な系統樹となる。したがって，①を選ぶ。

問5　17　正解は③　18　正解は⑤

図3では，祖先生物から分岐の過程で塩基配列の変化が起こっている。種Wの場合，他種と分岐してから1回も分岐していないので，祖先生物に最も近い塩基配列をもっていると考えられる。そこで，種Wと他種との塩基配列の違いに着目する。

種	塩基配列
種W	G A G C T A T C（1 2 3 4 5 6 7 8）
種X	G A [A] C [A] A [G] C
種Y	G A [A] C T A T C
種Z	G A [A] C T A [G] [G]

種Ｗと塩基配列が異なる箇所を枠で囲ってある。まず，３番目の塩基Ａは種Ｘ～Ｚで共通であるので，種Ｗが残りの種の祖先と分岐した後に，Ｇ→Ａに変化したと考えられる。同様に，７番目の塩基Ｇは種Ｘと種Ｚで共通であるので，種Ｙが種Ｘと種Ｚの祖先と分岐した後に，Ｔ→Ｇに変化したと考えられる。５番目の塩基Ａは種Ｘで独立に獲得された塩基，８番目の塩基Ｇは種Ｚで独立に獲得された塩基である。これらをまとめると次のような系統樹になる。

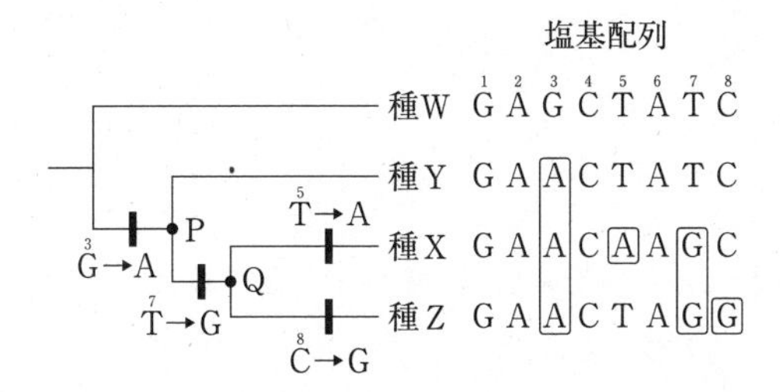

上図から，Ｐの塩基配列は，種Ｗの３番目の塩基ＧがＡに変化したものであると考えられるので，GAACTATC，つまり種Ｙと同じであると考えられる。したがって，[17] は③が正しい。また，Ｑの塩基配列は，種Ｙの７番目の塩基ＴがＧに変化したものであると考えられるので，GAACTAGC であると考えられる。したがって，[18] は⑤が正しい。

□第5問 【筋肉，呼吸】

ねらい

骨格筋についての知識問題と，筋収縮時のエネルギーに関する考察問題を出題した。**問2**は，筋収縮時にはエネルギーの消費が行われると同時にエネルギーの補給も行われるのがポイントであり，これを意識して取り組んでほしい。また，**問2**を解くためには呼吸の経路を理解していることが必要なので，まずは呼吸の経路をしっかり復習しておこう。

解説

問1 19 正解は ④

① 骨格筋細胞は，発生時に生じた多数の筋芽細胞が細胞融合して細長くなった細胞であり，多核の細胞からなる。したがって，正しい。

② 筋肉は，体節と側板から分化し，このうち骨格筋は体節から，内臓筋は側板から分化する。したがって，正しい。

③ 一つ一つの筋細胞の収縮は，ニューロンの軸索と同様に，刺激が閾値以上になれば収縮するが，刺激の強さに関係なく収縮の大きさは一定である。すなわち，全か無かの法則にしたがっている。したがって，正しい。

④ ノルアドレナリンは交感神経から放出される神経伝達物質である。したがって，交感神経がはたらいて収縮するのは心筋や立毛筋などである。一方，骨格筋は運動神経に支配されており，運動神経から放出されるアセチルコリンによって収縮する。したがって，誤りである。

問2 20 · 21 正解は ①・⑤（順不同）

①～④ **実験1**は無酸素条件下で行われているので，ミトコンドリアにおけるクエン酸回路と電子伝達系は進行しない。しかし，解糖（乳酸発酵と同じ反応）は酸素がなくても進行する。解糖では，まず解糖系によってグルコースがピルビン酸に分解され，この過程でATPとNADHが生じる。次に，ピルビン酸はNADHによって還元され，乳酸を生じる（次図）。

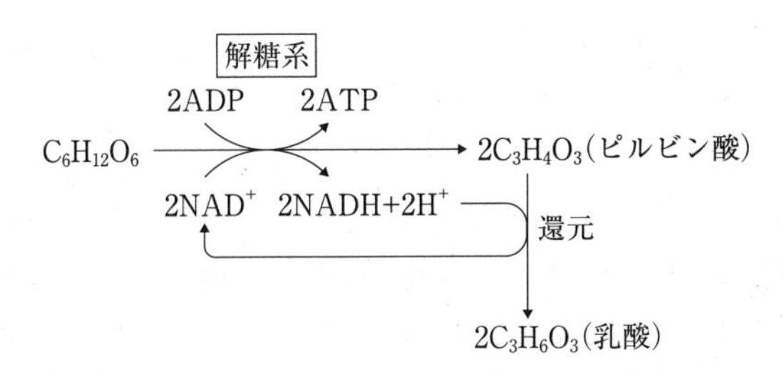

図１を見ると，物質Ａを加えていない場合，収縮後の乳酸量が増加していることから，解糖が進行していることがわかる。一方，物質Ａを加えると，収縮後の乳酸量に変化がないことから，物質Ａは解糖系の進行を阻害すると考えられる。したがって，①が正しく，②～④は誤りである。

⑤～⑧　図２のクレアチンリン酸は，高エネルギーリン酸結合をもった物質であり，筋収縮によってATPが消費されると，クレアチンリン酸とADPからATPを生じる次式の反応が進行する。

クレアチンリン酸　＋　ADP　→　クレアチン　＋　ATP

物質Ａを加えない場合，収縮後にクレアチンリン酸量が減少しているのは，上式の反応が進行しているためである。一方，解糖系の進行を阻害する物質Ａを加えると，収縮後のクレアチンリン酸量がさらに減少し，0になっている。これは，解糖系の進行を阻害した結果，解糖系で生じたATPとクレアチンからクレアチンリン酸を生じる次式の反応が停止したためであると考えられる。

クレアチン　＋　ATP　→　クレアチンリン酸　＋　ADP

まとめると，筋収縮でATPが消費されるとクレアチンリン酸の分解によりATPが補充され，解糖系で生じたATPによってクレアチンリン酸が再生されると考えられる。したがって，⑤が正しく，⑥～⑧は誤りである。

POINT

筋細胞の収縮の際にATPが分解されると，分解された分のATPがただちに補充されることを理解すると，問題を解きやすい。

□第6問　【細胞小器官・細胞骨格】

ねらい

AとBに分かれて出題される場合，出題内容がまったく異なるので頭の切り替えが必要になる。Aの**問2**は，グラフの傾きが速度を表すことがポイントになる。Bは，生物基礎の血糖濃度調節の基礎知識が前提となっている総合問題であるので，問題を解く際には，「血糖濃度調節の内容を輸送体の観点から読み解く」という意識をもって取り組んでほしい。

解説

A

問1　22　正解は①

① カルシウムイオンが貯蔵されているのは粗面小胞体ではなく滑面小胞体であるので，誤りである。なお，粗面小胞体は，リボソームが結合した小胞体であり，リボソーム上で合成されたポリペプチドは小胞体内で立体構造を形成し，細胞内を輸送される。

② リボソームはタンパク質とrRNAから構成されているので，正しい。

③ リソソームには分解酵素が蓄えられており，細胞内の不要な物質などの分解，すなわち細胞内消化を行っている。したがって，正しい。

④ アミロプラストは植物の色素体の一種であり，デンプンが貯蔵されている。根の根冠のコルメラ細胞(平衡細胞)にはアミロプラストが発達しており，重力受容器としてのはたらきをもっている。したがって，正しい。

問2　23・24　正解は⑥・⑦（順不同）

図1aの＋端では，グラフの値が大きくなる過程が重合，値が小さくなる過程が脱重合であるが，－端では，グラフの値が小さくなる過程が重合，値が大きくなる過程が脱重合であることに注意する。また，グラフの傾きは重合または脱重合の速度を表す。

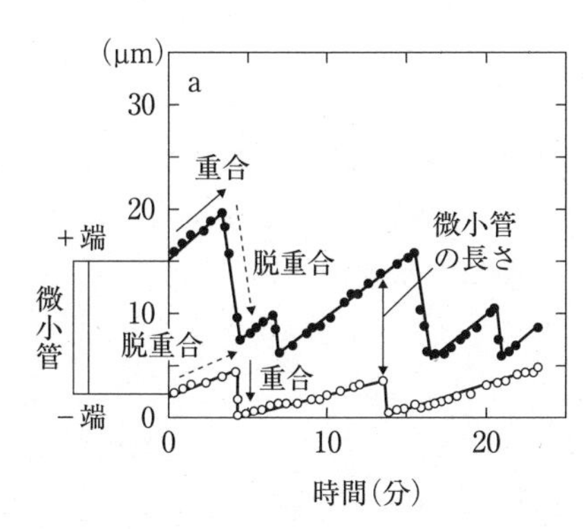

① 図１ａを見ると，＋端の重合の継続時間が２～８分，－端の重合の継続時間は１分もかからないので，誤りである。

② 図１ａを見ると，＋端が重合しているとき，－端は脱重合している場合が多いので，誤りである。

③ 図１ｂを見ると，＋端が重合と脱重合を数回繰り返している間，－端は脱重合を継続しているので，誤りである。

④ 図１ｂを見ると，＋端の脱重合速度(●のグラフの下向きの傾き)は，－端の脱重合速度(○のグラフの上向きの傾き)よりも大きいので，誤りである。

⑤ 図１ａ，ｂの－端の重合速度(○のグラフの下向きの傾き)は脱重合速度(○のグラフの上向きの傾き)より大きいので，誤りである。

⑥ 図１ａと図１ｂの＋端における重合と脱重合の１周期の時間を比べると，明らかに図１ｂの方が短くなっていることから，高濃度の物質Ｍの存在によって，重合と脱重合の１周期の時間が短縮されると考えられる。したがって，正しい。

⑦ 上図にあるように，20分間での微小管の長さの変化を見ると，図１ａの方が図１ｂよりも大きいことから，物質Ｍが高濃度のときより低濃度のときの方が変化が大きいと考えられる。したがって，正しい。

なお，物質ＭはMAPというタンパク質であり，微小管の＋端に結合して安定化させるはたらきがある。

B

問3 25 正解は ①

①・② インスリンはペプチドホルモンであり，糖尿病患者に経口投与すると，胃や小腸のタンパク質分解酵素のはたらきでアミノ酸にまで分解されるため，血糖濃度を下げることができない。したがって，①は誤りであり，②は正しい。

③ 血糖濃度の低下を間脳視床下部が感知することで副交感神経がはたらき，すい臓ランゲルハンス島Ｂ細胞からインスリンの分泌が促進される。したがって，正しい。

④ インスリンが肝臓にはたらくと，グルコースからグリコーゲンの合成を促進することで，血液中のグルコースが肝臓内に輸送されて血糖濃度が低下する。したがって，正しい。

問4 26 正解は ④

① 肝細胞には輸送体Ａが発現している。図２の肝細胞のグラフを見ると，インスリン存在下のグラフがインスリン非存在下のグラフと差がないことから，輸送体Ａのグルコース取り込み速度は，インスリンの有無で変化しないことがわかる。したがって，誤りである。

② 骨格筋細胞には輸送体Ｂが発現している。もし，インスリンが輸送体Ｂとグルコースの結合を競争的に阻害しているのであれば，図２の骨格筋細胞のグラフにおいて，インスリン存在下の方がインスリン非存在下よりもグルコースの取り込み速度は低くなるはずである。したがって，誤りである。

③ グルコースとの親和性（結合力）が高いほどグルコースの取り込み速度が大きくなる。図２において，骨格筋細胞のインスリン非存在下のグラフを見ると，グルコース濃度にかかわらず，輸送体Ｂのグルコースとの親和性は低いままであるが，肝細胞のグラフを見ると，グルコース濃度が高くなると輸送体Ａのグルコースとの親和性は高くなることがわかる。したがって，誤りである。

④ 図２の正常な血糖濃度（相対値５～７）の範囲において，インスリン存在下では，肝細胞よりも骨格筋細胞の方が，グルコース取り込み速度が大きいことから，輸送体Ｂに比べて輸送体Ａの方がグルコースとの親和性は低いと考えられる。したがって，正しい。

問５ 27 正解は ③

図２の骨格筋細胞のグラフを見ると，インスリン非存在下では，グルコース濃度を上昇させても，グルコース取り込み速度はほとんど上昇しない。この可能性として，細胞膜上の輸送体Ｂが不活性化してグルコース輸送能が低下しているか，そもそも細胞膜上に輸送体Ｂがほとんど発現していないかのどちらかである。選択肢を見ると，合理的に図２の骨格筋細胞のグラフを説明できるのは，③のみである。すなわち，骨格筋細胞がインスリンを受容すると，細胞質中（ ア ）の輸送体Ｂが細胞膜上に移動する（ イ ）と考えれば，問題文中の「骨格筋細胞の輸送体Ｂの存在量を調べたところ，インスリン存在下と非存在下でほとんど差がなかった」ことと矛盾はなく，さらに，インスリン存在下でグルコース取り込み速度が上昇することも矛盾なく説明できる。 イ の選択肢で，輸送体Ｂが「盛んに分裂する」と「細胞質中で盛んに合成される」の場合，問題文中の「骨格筋細胞の輸送体Ｂの存在量を調べたところ，インスリン存在下と非存在下でほとんど差がなかった」との矛盾が生じる。したがって，①，②，④，⑤は誤りである。また，⑥細胞膜上の輸送体Ｂが細胞質中に移動する場合，インスリン存在下でグルコース取り込み速度が上昇することと矛盾する。したがって，誤りである。

学力アップ！▶

グルコース輸送体はタンパク質であり，リボソームで合成された後，小胞体，ゴルジ体を介して小胞内に蓄えられる。骨格筋細胞の場合，インスリンを受容すると，この小胞がエキソサイトーシスにより細胞膜に運ばれ，細胞膜上のグルコース輸送体を増やす。この結果，細胞内へのグルコースの取り込みが促進されるのである。

解答解説 第2回

出演：飯田高明先生

問題番号(配点)	設問		解答番号	正解	配点	自己採点①	自己採点②
第1問(26)	A	1	1	②	3		
		2	2	④	3		
		3	3-4	⑥-⑦	8(各4)		
	B	4	5	⑥	4		
		5	6-7	①-⑦	8(各4)		
	小計（26点）						
第2問(16)	1		8	②	4		
	2		9	②	4		
	3		10-11	②-⑥	8(各4)		
	小計（16点）						
第3問(12)	1		12	①	4		
	2		13	④	4		
	3		14	③	4		
	小計（12点）						
第4問(15)	1		15	②	3		
	2		16	①	4		
	3		17-18	③-⑦	8(各4)		
	小計（15点）						
第5問(12)	1		19	④	4		
	2		20	①	4		
	3		21	⑦	4		
	小計（12点）						
第6問(19)	A	1	22	④	3		
		2	23-24	④-⑤	8(各4)		
	B	3	25	③	4		
		4	26	③	4		
	小計（19点）						
合計（100点満点）							

(注)—（ハイフン）でつながれた正解は，順序を問わない。

解説

第2回 実戦問題

□第1問 【光合成・呼吸】

ねらい

光合成と呼吸は苦手な受験生が多く，得点差がつきやすい。A の光合成では，チラコイド膜上の電子の流れを「酸化」「還元」としてとらえる力を養ってほしい。また，B の呼吸では，まずは呼吸商およびアルコール発酵に関する基礎知識を身につけよう。

解説

A

問1 [1] 正解は ②

① 葉緑体は二重の膜で包まれた細胞小器官であり，その内部にチラコイド膜からなる袋状のチラコイドが層状に位置している。内膜はチラコイド膜ではないので，誤りである。なお，ディスク状のチラコイドが積み重なった構造をグラナという。

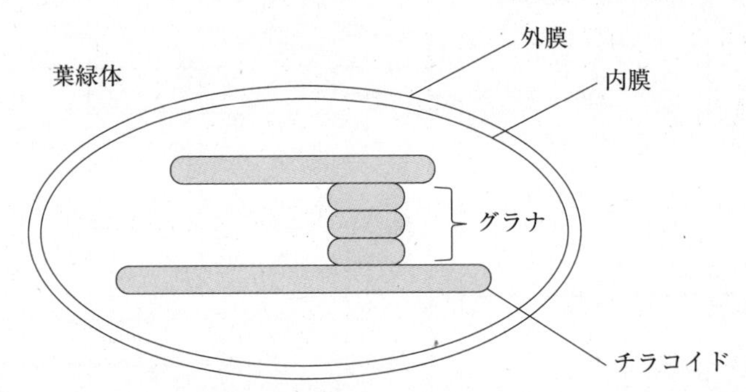

② 葉緑体とミトコンドリアは，核とは独立した環状の DNA をもっており，かつては独立した生物であった証拠とされている。したがって，正しい。

③ シアノバクテリアは細菌のグループに属する原核生物であり，チラコイド膜は存在するが，葉緑体をもっていない。したがって，誤りである。

④ 植物を構成する細胞のうち，根の細胞や孔辺細胞を除く表皮細胞などには，葉緑体がない。したがって，誤りである。

問２ 2 正解は④

光合成色素は光合成生物の種類によって異なる。

光合成生物	クロロフィル	その他の色素
緑色硫黄細菌 紅色硫黄細菌	バクテリオクロロフィル	
シアノバクテリア・ 紅藻類	クロロフィルａ	フィコシアニン, フィコエリトリン
褐藻類	クロロフィルａ クロロフィルｃ	フコキサンチン
緑藻類・シャジクモ類・ 陸上植物	クロロフィルａ クロロフィルｂ	カロテン, キサントフィル

① 光合成生物のうち，緑色硫黄細菌や紅色硫黄細菌は光合成色素としてクロロフィルａをもたず，バクテリオクロロフィルをもっている。したがって，誤りである。

② 紅藻類はクロロフィルａをもっており，クロロフィルｂはもっていないので，誤りである。

③ 藻類のうち，シアノバクテリアと光合成色素の種類が最も類似しているのは褐藻類ではなく，紅藻類である。したがって，誤りである。

④ 緑藻類と被子植物はクロロフィルａとクロロフィルｂをもつ点で共通している。したがって，正しい。

問３ 3 ・ 4 正解は⑥・⑦（順不同）

①～④ 問題文に「シトクロムｆは電子を受けとると還元された状態になり，電子を放出すると酸化された状態になる」とある。時間ａで680nmの光を照射するとシトクロムｆは酸化されたことから，シトクロムｆは電子を放出したことがわかる。この電子は光化学系Ⅰに受け取られるが，このためには，光化学系Ⅰが光エネルギーを吸収して電子を放出し，酸化された状態にならなければならない。これらのことから，680nmの光は主に光化学系Ⅰに吸収されると考えられる。したがって，①・③は適当である。

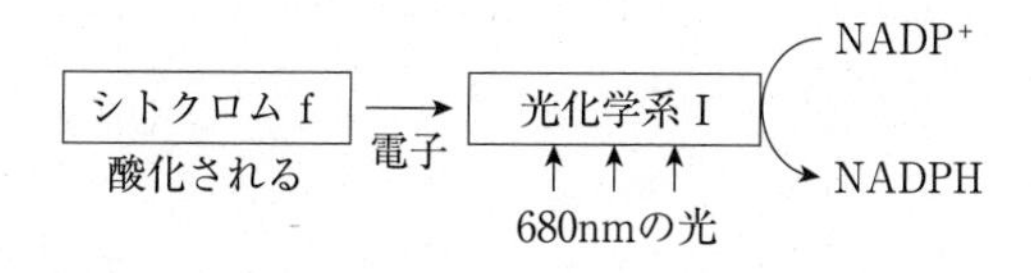

次に，時間 b で 680nm の光を照射したまま 562nm の光を照射すると，酸化された状態のシトクロム f が還元されたことから，シトクロム f は電子を受け取ったことがわかる。この電子は光化学系Ⅱから送られる。そのためには，光化学系Ⅱが光エネルギーを吸収して電子を放出しならなければならない。これらのことから，562nm の光は主に光化学系Ⅱに吸収されると考えられる。したがって，②・④は適当である。

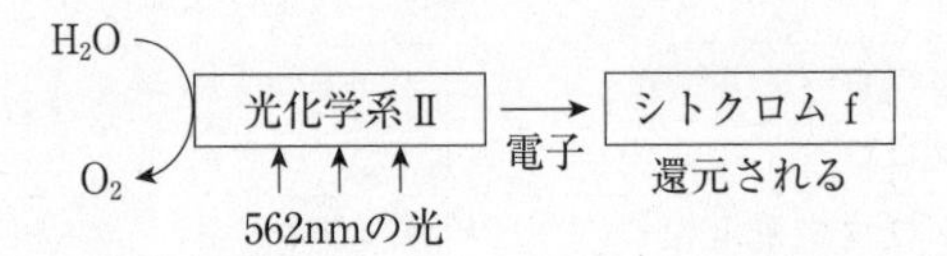

⑤　時間 c で処理Xを行うと，680nm を照射したときと同じ状態にまでシトクロム f が酸化された状態になっていることから，処理Xでは 562nm の光照射を停止していると考えられる。したがって，適当である。

⑥　時間 d で処理 Y を行うと，シトクロム f の状態が光を照射していない状態にまで還元された状態になっていることから，処理Yは，680nm の光照射を停止していると考えられる。したがって，適当ではない。

⑦　酸素発生速度が最も大きくなるのは，光化学系Ⅱ，光化学系Ⅰの両方に光が吸収されているときである。これを満たすのは 562nm と 680nm の光が両方照射されている時間 b − c の間である。したがって，適当ではない。

⑧　処理 X は 562nm の光照射の停止，処理 Y は 680nm の光照射の停止であるので，時間 d 以降，光は照射されておらず，酸素は発生しない。したがって，適当である。

POINT

次の内容を理解できれば難なく解けるだろう。

シトクロム f が還元された→光化学系Ⅱからシトクロム f に電子が渡された。

シトクロム f が酸化された→シトクロム f から光化学系Ⅰに電子が渡された。

B

問4　5　正解は ⑥

ⓐ　β酸化は，脂肪酸からアセチル CoA を生じる過程で起こる反応であり，タンパク質を呼吸基質にしたときに起こる反応ではない。したがって，誤りである。

ⓑ 呼吸により吸収した酸素の体積に対する放出した二酸化炭素の体積の割合を呼吸商という。呼吸商は，炭水化物で 1.0，脂肪で約 0.7，タンパク質で約 0.8 である。したがって，正しい。

ⓒ タンパク質は，まずアミノ酸に分解される。次に，アミノ酸は脱アミノ反応により有機酸とアンモニアに分解される。有機酸はミトコンドリアのクエン酸回路で分解される。したがって，正しい。

確認

呼吸商：呼吸で吸収した酸素の体積に対する放出した二酸化炭素の割合$\left(\frac{CO_2}{O_2}\right)$

炭水化物：1.0

脂肪：約 0.7

タンパク質：約 0.8

問５ 6 ・ 7 正解は ①・⑦（順不同）

図３の縦軸の$\frac{CO_2}{O_2}$は好気条件下では呼吸商を示す。呼吸商は最大値 1.0（炭水化物のとき）である。しかし，種子を蒔いてから 20 時間の間にこの値は 1.0 を超えている。これは，種子が嫌気条件下に置かれて，呼吸だけでなくアルコール発酵と同じ経路の反応を行って二酸化炭素を放出しているからである。グルコースを呼吸基質とした場合，呼吸とアルコール発酵の反応式は次の通りである。

呼吸　　　　　：$C_6H_{12}O_6 + 6O_2 + 6H_2O \rightarrow 6CO_2 + 12H_2O$

アルコール発酵：$C_6H_{12}O_6 \rightarrow 2CO_2 + 2C_2H_5OH$

呼吸では，吸収した酸素と放出した二酸化炭素は同じ体積であるので，上式の反応を同時に行うと，アルコール発酵で生じた二酸化炭素の分だけ，酸素の体積よりも二酸化炭素の体積の方が多くなり，$\frac{CO_2}{O_2}$は 1.0 を超える。

①～④・⑦ 50 時間目以降を見ると，アルコール発酵と同じ経路の反応が起こっておらず，$\frac{CO_2}{O_2}$は 1.0 の値に近い値をとっている。つまり，呼吸商＝約 1.0 であり，呼吸基質は炭水化物であると考えられる。したがって，①・⑦が正しく，②～④は誤りである。

⑤ 20時間後の$\frac{CO_2}{O_2}$は約3.0である。つまり，放出した二酸化炭素の体積は吸収した酸素の体積の約3倍である。これを呼吸とアルコール発酵の式に当てはめると次のようになる。

呼吸　：$C_6H_{12}O_6$ + $6O_2$ + $6H_2O$ → $6CO_2$ + $12H_2O$
　1分子　6分子　6分子

アルコール発酵：$C_6H_{12}O_6$ → $2CO_2$ + $2C_2H_5OH$
　6分子　12分子

アルコール発酵と同じ経路で消費された呼吸基質の方が呼吸で消費された呼吸基質よりもはるかに多いので，誤りである。

⑥ 20時間以降，$\frac{CO_2}{O_2}$の値は低下しているので，アルコール発酵による呼吸基質の消費速度は低下していると考えられる。したがって，誤りである。

POINT

呼吸商は約0.7～1.0の間であるため，$\frac{CO_2}{O_2}$が1.0を超えている場合，呼吸だけでは説明がつかないことから，アルコール発酵と同じ反応が起こっていると考える。

□ 第２問 【視覚・進化】

ねらい

視覚の進化について，分子系統樹をもとに進化の過程を考察する問題である。ここでのポイントは，分子系統樹の正しい見方ができること。この機会に確実に習得してほしい。また，視覚については習得すべき基礎知識が多いので，**問１**，**問２**でしっかり復習しておこう。

解説

問１ 8 正解は ②

暗所に入ってからの時間と視覚閾値(やっと見える最小の光量)の関係を次図に示す。グラフは二相性になっており，最初は錐体細胞の感度上昇によって視覚閾値は低下する。次いで，桿体細胞の感度上昇によって視覚閾値はさらに低下する。このように，錐体細胞(ア)は感度の上昇がいち早く進行するが，感度は桿体細胞よりも低い(イ)。したがって，② を選ぶ。

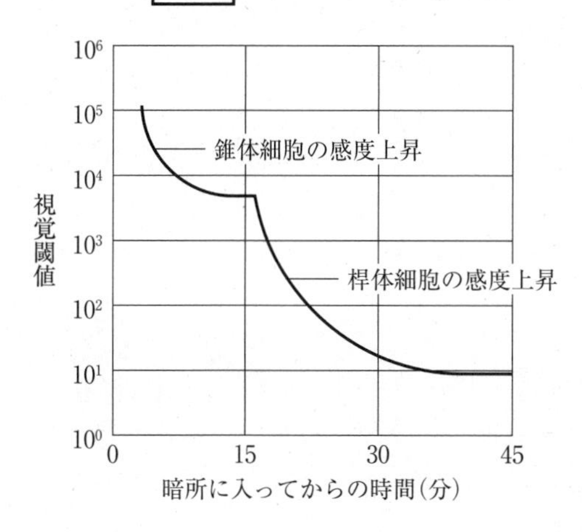

問２ 9 正解は ②

① ロドプシンはオプシンとレチナールからなる。このレチナールはビタミンA(レチノール)からつくられる物質である。したがって，誤りである。

② ロドプシンは光を吸収すると，ロドプシンを構成するオプシンがレチナールから

離れてロドプシンが分解される。したがって，正しい。

③ 暗所では，ロドプシンが分解されない状態でオプシンとレチナールからロドプシンが合成されるため，ロドプシンが蓄積し，桿体細胞の感度が上昇する。明所に入ると，多量の光刺激により蓄積していたロドプシンが多量に分解し，興奮する視神経が過剰になるため，まぶしく感じる。したがって，誤りである。

④ 暗所では，ロドプシンが蓄積するため視細胞の感度が上昇し，モノが見えやすくなる。したがって，誤りである。

問３ 10 ・ 11 正解は ②・⑥（順不同）

図１の系統樹の見方に注意する。この系統樹は，祖先物質からロドプシンや各フォトプシンが分岐していく過程を示している。例えば，図１の一部を抜粋したのが次図であるが，枝の分岐点には共通祖先（この場合，祖先物質）が存在している。この場合，脊椎動物全般が赤オプシンをもっていたことから，緑オプシンと赤オプシンの祖先物質から赤オプシンが分岐し，それが脊椎動物に受け継がれていったと考えられ，さらに赤オプシンから霊長類（ヒト）の緑オプシンが分岐したと考えられる。

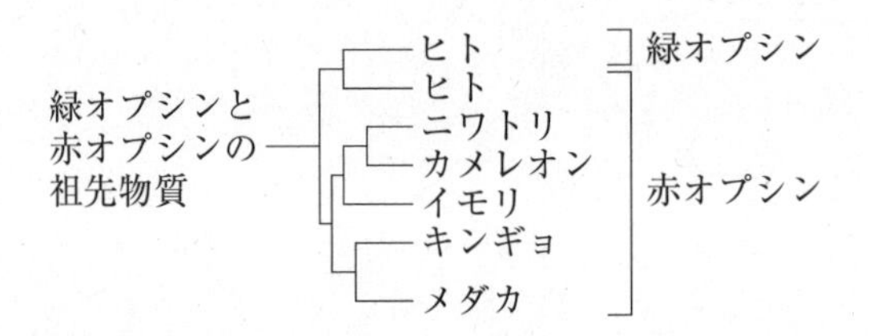

① 最初に現れた脊椎動物が夜行性であるとすると，この動物は視物質として感度の高いロドプシンをもち，後にフォトプシンが進化してきたと考えられる。しかし，図１を見ると，視物質の祖先物質はフォトプシンであり，緑オプシンが生じる過程でロドプシンが生じたと考えられる。したがって，誤りである。

② 図１のロドプシンの部分を見ると，ロドプシンを最も初期に獲得しているのはヤツメウナギである。ヤツメウナギは脊椎動物のうち最も原始的な無顎類に属することから，脊椎動物のロドプシンは，脊椎動物の共通祖先（無顎類，もしくは無顎類の祖先）から受け継いだものであると考えられる。したがって，正しい。

③ 図１の紫オプシンの部分を見ると，紫オプシンは脊椎動物の共通祖先で獲得され，

その後，霊長類や魚類に受け継がれたと考えられる。したがって，誤りである。

④　表１を見ると，霊長類は青紫オプシンをもっていないことがわかる。このことから，霊長類の祖先から霊長類が分岐する過程で青紫オプシンを失ったと考えられる。したがって，誤りである。

⑤　表１を見ると，哺乳類は緑オプシンをもっていないことがわかる。このことから，哺乳類の祖先から哺乳類が分岐する過程で，青紫オプシンと同様に緑オプシンを失ったと考えられる。したがって，誤りである。

⑥　先述した通り，図１を見ると，ヒトの緑オプシンは赤オプシンから分岐したことがわかる。このことからヒトなど霊長類の緑オプシンの遺伝子の祖先遺伝子は，赤オプシンの遺伝子であると考えられる。したがって，正しい。

⑦　①の解説にもあるように，視物質の祖先物質はフォトプシンである。つまり，ロドプシンの遺伝子の祖先遺伝子はフォトプシンの遺伝子であると考えられる。したがって，誤りである。

学力アップ！

表１にあるように，脊椎動物は，基本的には４種類のフォトプシンをもっている。進化の過程で出現した哺乳類は夜行性であるため，青紫オプシンと緑オプシンを失ったと考えられている。その後，昼行性へと移行した霊長類は，赤オプシン遺伝子に重複が起こり，その後，片方の赤オプシン遺伝子の変異によって緑オプシンを合成するようになったと考えられている。

□第3問 【遷移・個体群】

ねらい

共通テストの「生物」では，「生物基礎」の内容も含まれる場合がある。そこで，ここでは植生の遷移を種間競争の視点から考察する問題を出題した。この視点が身につくと，植生の遷移の理解が深まるので，会話文の内容をもとに理解できるまでじっくり取り組んでほしい。

解説

問1 [12] 正解は ①

[ア]：会話文で，レムが「トドマツって[ア]だから，幼木がアカエゾマツ林の暗い林床では生育できないのかな」とある。幼木が暗い林床で生育できないのは，光補償点が大きく，耐陰性の低い陽樹である。したがって，[ア]には「陽樹」が入る。ただし，これはラムが「それは違うだろうね」と否定している。つまり，トドマツは陰樹である。

[イ]：図2を見ると，ササの密度が高くなるほどトドマツの胸高断面積合計値が小さくなっていくことから，これはササとトドマツの幼木には直接的な種間競争の関係があると考えられる。一方，ササの密度が高くなるほどアカエゾマツの胸高断面積合計値が大きくなっていくが，これは，ササとの種間競争によりトドマツの幼木の生育が抑えられた結果，アカエゾマツの幼木の生育に有利になったからだと考えられる。つまり，ササは間接的にアカエゾマツの生育を助けていることになり，[イ]には「アカエゾマツ」が入る。したがって，①を選ぶ。

問2 [13] 正解は ④

① アカエゾマツの幼木がササとの種間競争で排除されやすいのであれば，図2で，ササ密度が高くなるとアカエゾマツの胸高断面積合計値が小さくなっていくはずである。しかし，実際は大きくなっている。したがって，誤りである。

② 図1で，A地点では胸高直径の小さなトドマツの幼木はアカエゾマツの幼木の2倍近い個体群密度であり，アカエゾマツの幼木との種間競争により排除されていないと考えられる。したがって，誤りである。

③ 図２で，ササの密度が高くなるほどアカエゾマツの胸高断面積合計値が大きくなっていくことから，ササの存在はアカエゾマツにとって利益があるが，アカエゾマツの存在がササにとって利益があるかどうかはわからない。したがって，誤りである。

④ 図２で，ササの密度が高くなるほどトドマツの胸高断面積合計値が小さくなっていくことから，図１でトドマツの個体群密度の低いＢ地点の方がＡ地点よりもササ密度が高いと考えられる。したがって，正しい。

問３　14　正解は③

① 図２から，林床にササがまったく生えない場所では，アカエゾマツよりもトドマツの生育に有利であり，トドマツが優占する林になると考えられる。したがって，誤りである。

② 図２から，林床にササが密生している場所では，トドマツよりもアカエゾマツの生育に有利であり，アカエゾマツが優占する林になると考えられる。したがって，誤りである。

③ 図２で，林床にササがところどころ密生している場所では，ササが密生していない部分ではトドマツが優占し，ササが密生している部分ではアカエゾマツが優占するため，混交林が成立すると考えられる。したがって，正しい。

④ 林冠が塞がっていない明るい場所では，光補償点の高い陽樹が侵入して陽樹林が成立し，その後林冠が塞がって，トドマツ，アカエゾマツの幼木が生育していく。このときのササの密度の条件により混交林が成立するかどうか決まるため，誤りである。

POINT

森林の成立している立地は平らではなく場所によって起伏があり，ササが密生している場所と，ササの密生していない場所が混在していることをイメージできれば，**問３**は難なく解けるだろう。

□第4問 【減数分裂，卵形成】

ねらい

動物の卵形成について実験考察問題を主体に出題した。「これを証明するための追加実験」など実験計画を導き出す問題が出題されることが共通テストの特徴である。ここでは，**問2**で対照実験の捉え方をしっかり習得してほしい。

解説

問1 15 正解は②

① 減数分裂の第一分裂前期の特徴として，相同染色体が対合し，二価染色体を形成していることが挙げられる。したがって，正しい。

② 紡錘体が形成されるのは分裂期の前期，染色体が紡錘体の赤道面に並ぶのは細胞分裂期の中期であるので，誤りである。

③ 核膜と核小体が消失するのは分裂期の前期であるので，正しい。

④ 間期ではクロマチン繊維がほどけた状態にあり，染色体は細長いが，分裂期の前期になると折りたたまれ，染色体が凝縮して太く短くなる。したがって，正しい。

確認▶

分裂期

前期：核膜・核小体が消失し，紡錘体が形成される。

中期：複製された染色体が紡錘体の赤道面に並ぶ。

後期：複製された染色体が紡錘糸に引かれて二分される。

終期：細胞質分裂が起こる。

問2 16 正解は①

問題文の二つの仮説のうち，「一次卵母細胞が減数分裂を再開したのは，添加したGTHが原因である」ことを確かめるには，**実験1**と同様に，一次卵母細胞をろ胞細胞(細胞A，細胞B)がついたまま取り出し，GTHを添加しない実験を行う。このとき，一次卵母細胞が減数分裂を再開しないという結果が得られれば，この仮説は正しいと証明できる。したがって，④は追加する実験として適当である。

もう一つの仮説「添加したGTHは一次卵母細胞の減数分裂の再開には直接はた

らかない」ことを確かめるには，一次卵母細胞のみを取り出し，GTH を添加しても減数分裂が再開しないこと，また，その対照実験として，一次卵母細胞のみを取り出し，GTH を添加しなくても減数分裂が再開しないことを確かめる必要がある。したがって，②，③は追加する実験として適当である。一方，ろ胞細胞のみを取り出してGTH を添加しても，そもそも一次卵母細胞が存在しないので，一次卵母細胞にどのような影響があるかどうかを確かめることができない。したがって，①は追加する実験として適当ではない。

問3 17 ・ 18 　正解は③・⑦（順不同）

表1で，一次卵母細胞にホルモン A を添加すると減数分裂が再開したことから，ろ胞細胞のうち，A 細胞から分泌されたホルモン A が一次卵母細胞の減数分裂の再開を促進する物質であることがわかる。

また，A 細胞と一次卵母細胞，B 細胞と一次卵母細胞を組み合わせて GTH を添加しても減数分裂が再開しなかったこと，**実験1**で A 細胞，B 細胞と一次卵母細胞を組み合わせて GTH を添加すると減数分裂が再開したことから，GTH は B 細胞からのホルモン B の分泌を促進すること，ホルモン B は A 細胞からのホルモン A の分泌を促進すること，また，このホルモン A が一次卵母細胞の減数分裂の再開を促進することがわかる。したがって，③，⑦が正しい。

□第5問　【遺伝子，集団遺伝，進化】

ねらい

生態や進化の分野は，集団（個体群や生物群集）内のデータを数値化して扱うことが多い。ここでは，進化学では有名なオオシモフリエダシャクの工業暗化について，数値データをもとに考察していく力を身につけてほしい。

解説

問1　19　正解は④

遺伝暗号表(コドン表，次図)の内容を理解すれば容易に解ける。ある遺伝子に1塩基の置換が起こった場合，さまざまなことが考えられる。

① ロイシンを指定するコドンUUAがUUGに変化した場合，変化後のコドンもロイシンを指定する。このように，1塩基の置換により，同じアミノ酸を指定する場合がある(同義置換)。したがって，正しい。

② ロイシンを指定するコドンCUUがCCUに変化した場合，変化後のコドンはプロリンに変化する。このように，1塩基の置換により，特定の1個のアミノ酸が他のアミノ酸に変化する場合がある(非同義置換)。したがって，正しい。

③ チロシンを指定するコドンUAUがUAA(終止コドン)に変化した場合，変化後のコドンはアミノ酸を指定せず，そこで翻訳が停止する。このように，1塩基の置換により終止コドンが生じ，アミノ酸配列が短くなる場合がある。したがって，正しい。

④ 遺伝子に1塩基の欠失や挿入が起こった場合，コドンの読み枠にずれが起こり(フレームシフト)，欠失や挿入の起こった部位以降のアミノ酸配列が大きく変化する。しかし，置換の場合，フレームシフトは起こらない。したがって，誤りである。

表　遺伝暗号表

第1番目の塩基	第2番目の塩基：ウラシル（U）		第2番目の塩基：シトシン（C）		第2番目の塩基：アデニン（A）		第2番目の塩基：グアニン（G）		第3番目の塩基
U	UUU UUC UUA UUG	フェニルアラニン ロイシン	UCU UCC UCA UCG	セリン	UAU UAC UAA UAG	チロシン 終止	UGU UGC UGA UGG	システイン 終止 トリプトファン	U C A G
C	CUU CUC CUA CUG	ロイシン	CCU CCC CCA CCG	プロリン	CAU CAC CAA CAG	ヒスチジン グルタミン	CGU CGC CGA CGG	アルギニン	U C A G
A	AUU AUC AUA AUG	イソロイシン メチオニン	ACU ACC ACA ACG	トレオニン	AAU AAC AAA AAG	アスパラギン リジン	AGU AGC AGA AGG	セリン アルギニン	U C A G
G	GUU GUC GUA GUG	バリン	GCU GCC GCA GCG	アラニン	GAU GAC GAA GAG	アスパラギン酸 グルタミン酸	GGU GGC GGA GGG	グリシン	U C A G

問２　**20**　正解は①

A 地点の再捕獲率は，82 ÷ 154 ≒ 0.53，B 地点の再捕獲率は，30 ÷ 473 ≒ 0.06 であることから，再捕獲率は A（ **ア** ）地点の方が高いことがわかる。再捕獲率が高いということは，鳥による捕食を免れやすいということである。工業化が進んでいる地域では，煤煙によって白っぽい地衣類が減少し，木の幹の色である黒っぽい色が保護色になる暗色型の方が明色型よりも鳥による捕食から免れやすい。このように，工業化が進んでいるのは，暗色型の再捕獲率の高い A（ **イ** ）地点であると考えられる。したがって，①が正しい。

POINT ▶

再捕獲率が高いということは，鳥に見つかりにくく食べられにくいということである。

問3 21 正解は ⑦

ⓐ リード文に「オオシモフリエダシャクの体色は，野生型が明色型であり，優性の突然変異により生じた変異型が暗色型である」とあるので，体色を暗色型にする優性遺伝子をA，明色型にする劣性遺伝子をaとすると，暗色型の遺伝子型はAA，Aa，明色型はaaとなる。集団中のAとaの遺伝子頻度をそれぞれp，qとする$(p+q=1)$と，ハーディ・ワインベルグの法則が成り立つ集団では，$(pA + qa)^2 = p^2AA + 2pqAa + q^2aa$となる。$q^2 = 1 - 0.96 = 0.04$より$q = 0.2$であり，$p = 1 - 0.2 = 0.8$となる。したがって，正しい。

ⓑ 図1を見ると，冬の平均煤煙量が1965年以降急激に減少しても，暗色型の割合が急激に減少するのは1980年以降である。これは，冬の平均煤煙量が減少しても樹木の幹に地衣類が生育するようになるまでには時間がかかり，その間は暗色型が鳥に捕食されにくいためであると考えられる。したがって，正しい。

ⓒ 冬の平均煤煙量の減少にともなって木の幹には白っぽい地衣類が生育し，明色型よりも暗色型が目立つようになるため，鳥は明色型よりも暗色型を多く食べるようになっていると考えられる。したがって，正しい。

ⓐ，ⓑ，ⓒのすべてが正しいので，⑦を選ぶ。

□第６問　【スプライシング，ラクトースオペロン】

ねらい

Aではスプライシング，Bではラクトースオペロンについて，考察問題を出題したが，どちらも教科書レベルの知識を大前提としている。つまり，知識の確認問題的な要素が色濃い。ここで失点した受験生はまず基本的な知識を確実に押さえてから，もう一度この問題に取り組んで理解を深めてほしい。

解説

A

問１　22　正解は④

真核生物では，DNA から mRNA 前駆体に遺伝情報が写し取られる。これを転写という。転写の過程では，RNA ポリメラーゼが DNA の片方の鎖(アンチセンス鎖)を鋳型にして mRNA 前駆体を合成するが，RNA ポリメラーゼはヌクレオチド鎖の3′末端にヌクレオチドを結合させていく酵素であるので，mRNA 前駆体は 5′側から 3′側(ア)方向に合成される。

遺伝子には，エキソンの間にイントロンが存在する場合が多く，エキソンもイントロンも mRNA 前駆体に転写される。この mRNA 前駆体からイントロン(イ)が切り取られてエキソンどうしがつながるスプライシング(ウ)が起こり，mRNA が完成する。したがって，④が正しい。

問２　23 ・ 24　正解は④・⑤（順不同）

DNA にはイントロンがあるが，mRNA にはスプライシングによりイントロンはない。したがって, DNA 中の遺伝子 X の領域はイントロンの分だけ mRNA より長く，A 鎖は DNA，B 鎖は mRNA であることがわかる。

① mRNA と結合するのは，相補的な塩基配列をもつ A 鎖の遺伝子 X の鋳型鎖(アンチセンス鎖)の DNA 領域である。したがって，誤りである。

② B 鎖は遺伝子 X の mRNA であるので，誤りである。

③ mRNA は B 鎖である。また，リード文に「mRNA の 3′末端には AAAA…という A の反復配列が付加される」とある。この反復配列は DNA のアンチセンス鎖と相補的ではないので結合しない。このことから，遺伝子 X の mRNA の 3′末端は d

であることがわかる。したがって，誤りである。

④　遺伝子XのDNA領域はA鎖である。③で解説したように，遺伝子XのmRNAの3′末端はdであり，DNAのアンチセンス鎖とmRNAは5′末端と3′末端は逆向きであるので，aは3′末端である。したがって，正しい。

⑤・⑥　遺伝子XのDNA領域はA鎖であり，イントロンの部分はmRNAには存在しないのでmRNAと結合できずループを描く。このループの数，すなわちイントロンの数が三つであり，イントロンはエキソンの間にあるので，エキソンの数は四つである。したがって，⑤は正しく，⑥は誤りである。

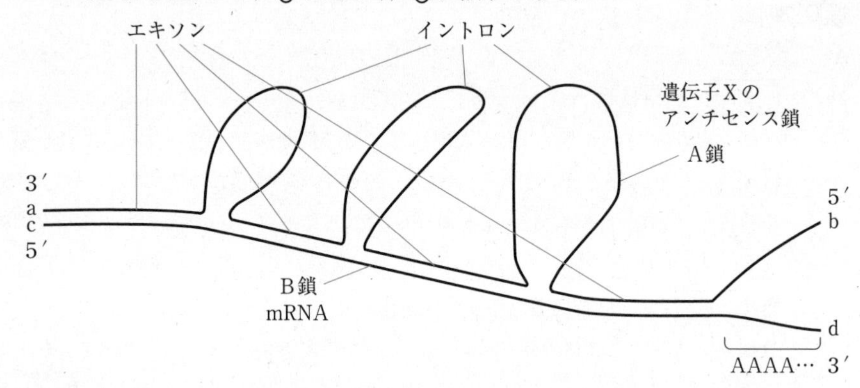

確認

アンチセンス鎖：2本鎖DNAのうち，mRNAの鋳型となる鎖。

センス鎖　　　：2本鎖DNAのうち，mRNAの鋳型とならない方の鎖。アンチセンス鎖の相補鎖である。

B

問3　25　正解は③

ラクトースオペロンの概略を次図に示す。培地にラクトースがないとき，リプレッサーがオペレーターに結合する。この結果，RNAポリメラーゼがプロモーターに結合できないので，オペロンを構成する3種類の酵素の遺伝子(lacZ，lacY，lacA)は転写されない。

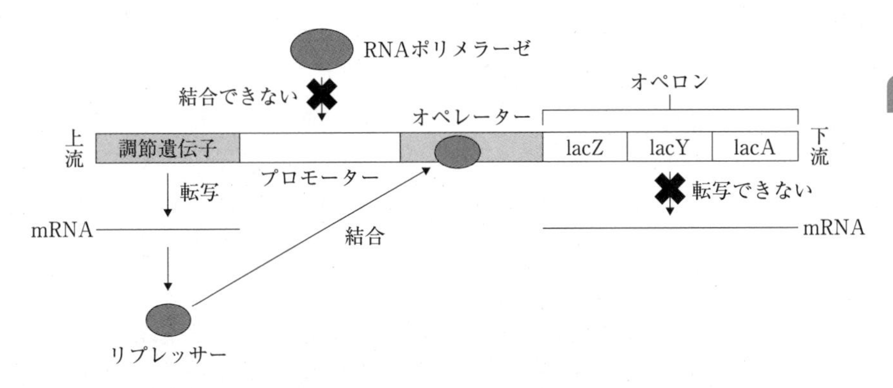

培地にラクトースがあるとき，ラクトースに由来する誘導物質が合成され，リプレッサーと結合する。この結果，リプレッサーがオペレーターから離れ，RNA ポリメラーゼがプロモーターに結合し，オペロンを構成する３種類の酵素の遺伝子はまとめて転写される。

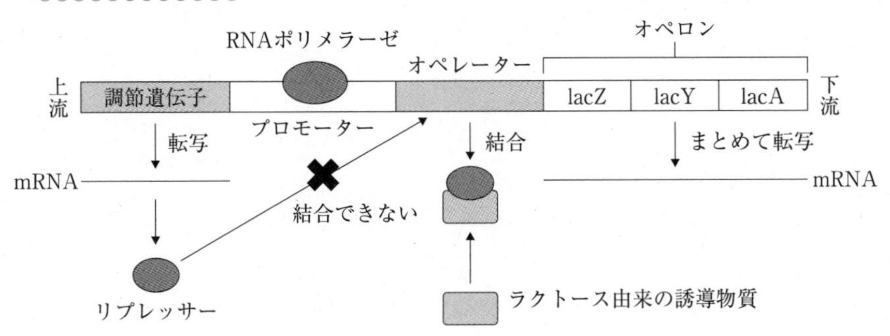

① オペレーターはプロモーターの下流に存在する。したがって，正しい。

② 調節遺伝子はプロモーターの上流に存在する。したがって，正しい。

③ 調節タンパク質がオペレーターに結合することで，RNA ポリメラーゼはプロモーターに結合できず，３種類の酵素をコードする遺伝子は転写されない。したがって，誤りである。

④ 大腸菌には核膜がなく，転写も翻訳も細胞質で進行する。このとき，転写されている途中の mRNA にリボソームが結合して翻訳が開始されるので，転写と翻訳がほぼ同時に行われる。したがって，正しい。

問4 [26] 正解は ③

① グルコース濃度が減少して0になってから β-ガラクトシダーゼが発現していることから，培地にラクトースがあっても，3種類の酵素の遺伝子の転写が開始されるとは限らないと考えられる。したがって，誤りである。

② グルコース濃度が減少して0になってから β-ガラクトシダーゼが発現していることから，培地にグルコースがあるときは，3種類の酵素の遺伝子の転写は抑制されると考えられる。したがって，誤りである。

③ 培地にグルコースが存在している場合，β-ガラクトシダーゼが発現していないことから，グルコース存在下ではラクトースオペロンのプロモーターにRNAポリメラーゼが結合できないと考えられる。したがって，正しい。

④ β-ガラクトシダーゼが発現せず，ラクトースオペロンがはたらいていない場合でも，図2から，実験開始0～30分の間にグルコースを利用してATP合成を行っていると考えられる。したがって，誤りである。

解答解説 第回

解説動画

出演：飯田高明先生

問題番号(配点)	設問		解答番号	正解	配点	自己採点①	自己採点②
第1問 (26)	A	1	1	③	4		
		2	2	③	4		
		3	3	⑦	4		
	B	4	4	①	3		
		5	5	③	3		
		6	6	②	4		
		7	7	⑥	4		
	小計（26点）						
第2問 (18)	1		8	④	3		
	2		9	③	3		
	3		10	⑦	4		
	4		11－12	③－⑥	8 (各4)		
	小計（18点）						
第3問 (11)	1		13	①	3		
	2		14	②	4		
	3		15	④	4		
	小計（11点）						

問題番号(配点)	設問	解答番号	正解	配点	自己採点①	自己採点②
第4問 (16)	1	16	③	4		
	2	17	②	4		
	3	18	④	4		
		19	②	4		
	小計（16点）					
第5問 (11)	1	20	③	3		
	2	21	⑤	4		
	3	22	⑥	4		
	小計（11点）					
第6問 (18)	1	23	⑤	3		
	2	24	⑤	4		
	3	25	②	3		
	4	26	④	4		
	5	27	⑤	4		
	小計（18点）					
合計（100点満点）						

(注)—（ハイフン）でつながれた正解は，順序を問わない。

解説

第3回 実戦問題

□第1問 【DNAの複製，ラクトースオペロン】

ねらい

Aでは，複製開始点とDNAの複製について理解できているかを試した。DNAは，複製開始点から両方向に複製されるという視点で解かないと失点する。難しいとは思うが，がんばって理解してほしい。Bでは，ラクトースオペロンについて理解できていれば解ける問題を出題した。時間をかけずに解けるようにしてほしい。

解説

A

問1 1 正解は③

① DNAの複製は，細胞周期のS期(DNA合成期)のはじめに開始され，S期の終わりに終了するので，誤りである。

② DNAの2本鎖がほどけながら，それぞれの1本鎖が鋳型となって新生鎖が合成されていくが，新生鎖は5'→3'方向にしか合成できない。そのため，片方の新生鎖(リーディング鎖)は連続的に合成されるが，もう片方の新生鎖(ラギング鎖)は不連続的に合成される。このときラギング鎖でみられる断片化された新生鎖が岡崎フラグメントである。したがって，誤りである。

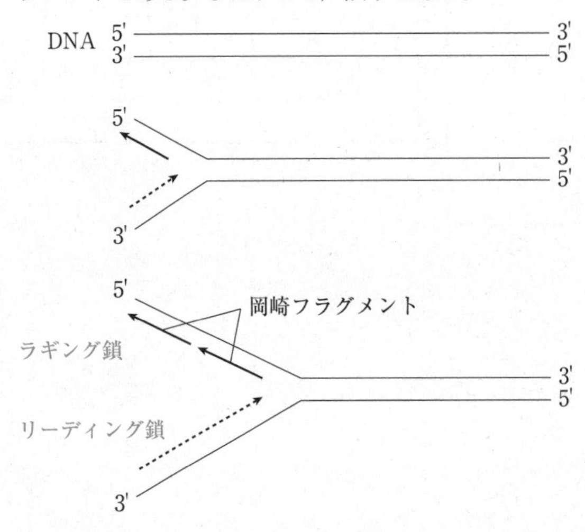

③ DNA ポリメラーゼは，ヌクレオチド鎖の 3' 末端にヌクレオチドを結合させていく酵素であり，このはたらきによって，新生鎖は 5' から 3' 方向に伸長していく。したがって，正しい。

④ ③で解説したように，DNA ポリメラーゼは，ヌクレオチド鎖の 3' 末端にヌクレオチドを結合させていく酵素であるため，新生鎖の合成にはヌクレオチド鎖の末端が必要となる。そこで，DNA の複製時には，鋳型鎖に相補的な短い RNA からなるプライマーが合成され，DNA ポリメラーゼはプライマーの 3' 末端から新生鎖を伸長させていく。したがって，誤りである。

問２ **2** 正解は ③

DNA の複製は両方向に進行することに注意しよう。図１の場合，複製開始点は緑色の蛍光を示した領域の中央にあると考えると，**実験１**の結果を矛盾なく説明できる。複製開始点から最初の 15 分で両方向に DNA の複製が進行するため，物質 X を取り込む領域が両方向に広がり，次の 15 分で物質 Y を取り込む領域が拡大したと考えられる。したがって，ⓒのみが正しく，③を選ぶ。

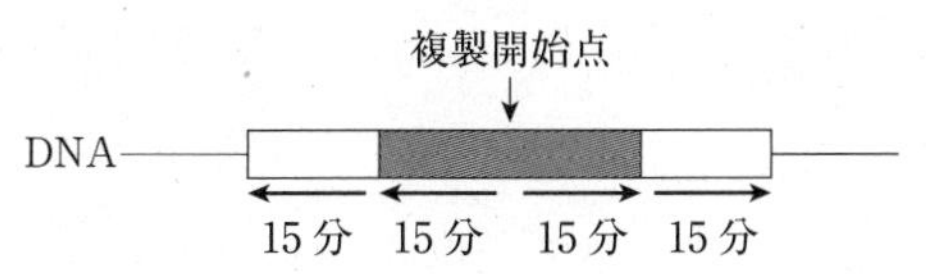

問３ **3** 正解は ⑦

ⓔ 下図の位置に複製開始点があり，物質 X を加えた時点ですでに DNA の複製が進行しており，複製途中の DNA の新生鎖に物質 X が 15 分取り込まれ，次いで物質 Y が 15 分取り込まれたと考えられる。したがって，正しい。

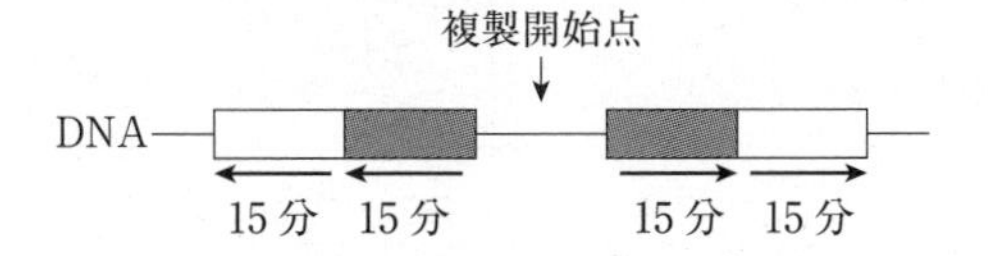

ⓕ 下図の位置に複製開始点があり，物質 X を加えた時点ではまだ DNA の複製が進行しておらず，7.5 分後に DNA の複製が開始され，その結果，DNA の新生鎖に物質 X が 7.5 分取り込まれ，次いで物質 Y が 15 分取り込まれたと考えられる。したがって，正しい。

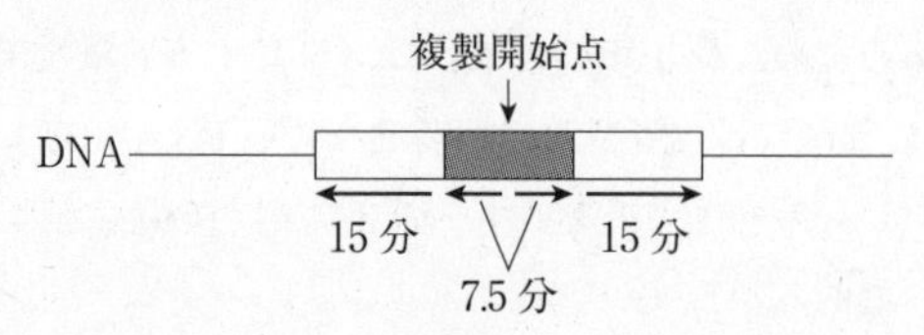

ⓖ 下図の位置に複製開始点が 2 カ所あり，物質 X を加えた時点ではまだ DNA の複製が進行しておらず，約 5 分後に DNA の複製が開始され，その結果，DNA の新生鎖に物質 X が 10 分取り込まれ，次いで物質 Y が 15 分取り込まれたと考えられる。したがって，正しい。

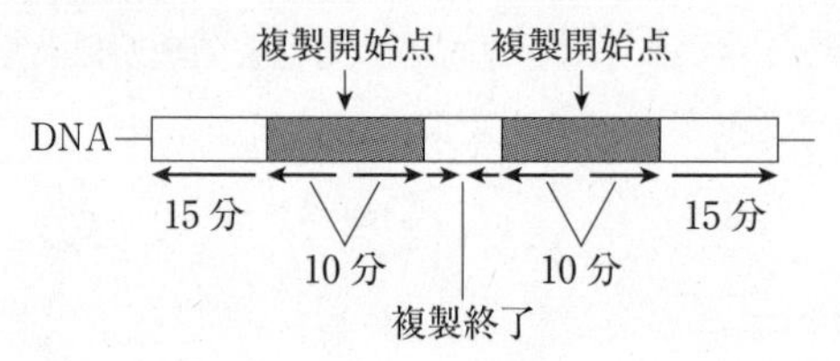

ⓔ〜ⓖのすべてが正しいので，⑦ を選ぶ。

POINT

真核生物の DNA の複製開始点はたくさんあり，しかも同時に複製が開始されるわけではなく，複製途中のものもあれば，物質 X を投与した時点でまだ複製を開始していないものもある。

B

問 4 4 正解は ①

① 大腸菌は細菌（バクテリア）に属する。古細菌（アーキア）に属するのは，メタン生成菌，高度好塩菌，超好熱菌などである。したがって，誤っている。

② 真核生物の DNA は直鎖状であるが，大腸菌など細菌の DNA は環状である。したがって，正しい。

③　植物の細胞壁は主にセルロースからなるが，大腸菌など細菌の細胞壁は主にペプチドグリカンからなる。したがって，正しい。

④　真核生物のDNAは核内に収納されているが，大腸菌など細菌には核膜がなく，DNAは細胞質中に存在する。したがって，正しい。

問５　5　正解は③

ラクトースオペロンについては構造を覚えておかないと，しくみを理解できない。まず，オペロンは，lacZ，lacY，lacAの三つからなり，このうちlacZはβガラクトシダーゼ(ラクトース分解酵素)をコードしている。

・培地にラクトースがないとき

調節遺伝子から合成されたリプレッサーはオペレーターに結合すると，RNAポリメラーゼはプロモーターに結合できなくなる。この結果，lacZ，lacY，lacAの三つの遺伝子を含む遺伝子群は転写されない。

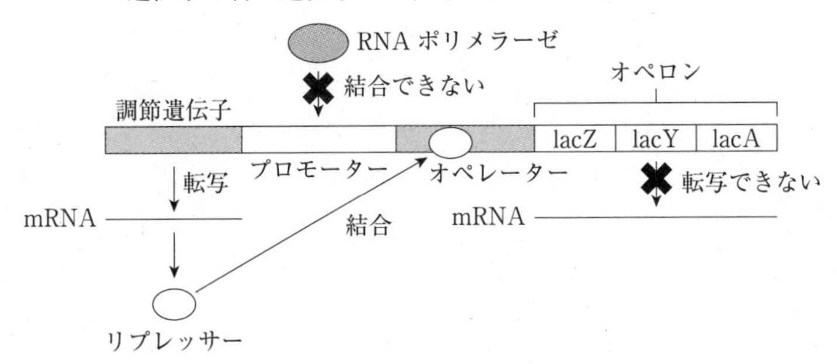

・培地にラクトースがあるとき

培地中に含まれるラクトースが大腸菌に取り込まれると，細胞内で代謝され，構造が変化した代謝産物となる。これがリプレッサーに結合すると，リプレッサーはオペレーターから離れ(ア)，この結果，RNAポリメラーゼがプロモーターに結合するようになって，β-ガラクトシダーゼの遺伝子を含む遺伝子群(lacZ，lacY，lacA) がまとめて転写(イ)されるようになる。したがって，③が正しい。

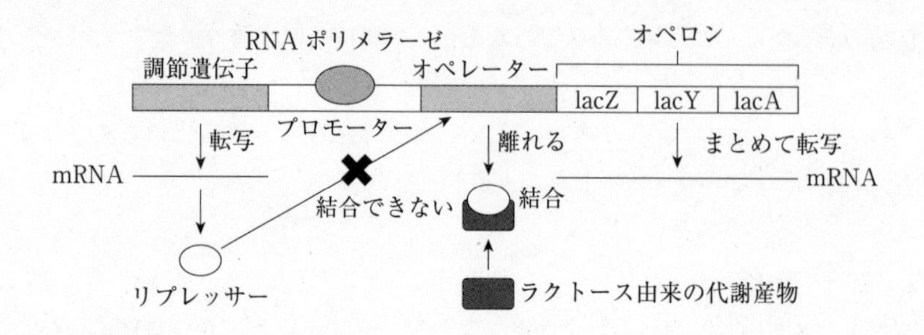

問6 　6　 正解は ②

問5で解説した二つの図を見ながら考えよう。

・表1のA

培地中にラクトースが存在しないので β-ガラクトシダーゼは合成されず，物質Xは青色の分解産物に分解されない。したがって，コロニーの色は白（ ウ ）になる。

・表1のB

培地中にラクトースが存在するので β-ガラクトシダーゼが合成され，物質Xは β-ガラクトシダーゼにより青色の分解産物に分解される。したがって，コロニーの色は青（ エ ）になる。したがって，②が正しい。

問7 　7　 正解は ⑥

ⓗ　β-ガラクトシダーゼが合成されているのは，物質Xが青色の分解産物に分解され，コロニーの色が青になっているグループBのみである。したがって，誤りである。

ⓘ　グルコースが培地中に存在する表1のCで，コロニーの色が白であったことから，β-ガラクトシダーゼは合成されず，物質Xは青色の分解産物に分解されていないことがわかる。このことから，培地中にグルコースが存在すると，RNAポリメラーゼは β-ガラクトシダーゼ遺伝子を含む遺伝子群のプロモーターに結合できなくなり，これらの遺伝子群の転写が抑制されていると考えられる。したがって，正しい。

ⓙ　グループBでは，コロニーの色が青であったことから，β-ガラクトシダーゼは合成され，物質Xは青色の分解産物に分解されていることがわかる。このことから，培地中にグルコースが存在せず，ラクトースが存在すると，RNAポリメラーゼは β ガラクトシダーゼ遺伝子を含む遺伝子群のプロモーターに結合し，これらの遺伝子群がまとめて転写されていると考えられる。したがって，正しい。

ⓘとⓙが正しいので，⑥を選ぶ。

□第２問 【ニューロンと膜電流】

ねらい

ニューロンにおける興奮の伝導のしくみについて，膜電流という見慣れない概念をもとに解く問題を出題した。図１のグラフが難解であると思うが，教科書で習う膜電位の変化を理解していれば図１のグラフも理解できるので，くじけずに取り組んでほしい。

解説

問１ 8 正解は ④

① 運動神経と骨格筋は神経筋接合部(シナプス)で連結している。運動神経の軸索の末端からはアセチルコリンが分泌され，これを骨格筋の筋繊維(筋細胞)の受容体が受容することで，筋収縮が起こる。したがって，正しい。

② 脊椎動物では，発生過程で生じた神経管から脳と脊髄，すなわち中枢神経系が分化する。したがって，正しい。

③ 皮膚の立毛筋や血管には，交感神経は分布しているが，副交感神経は分布していない。したがって，正しい。

④ 皮膚に存在する感覚神経の細胞体は，皮膚ではなく脊髄神経節に存在している。したがって，誤りである。

問２ 9 正解は ③

軸索に髄鞘のある神経繊維を有髄神経繊維，髄鞘のない神経繊維を無髄神経繊維という。有髄神経繊維の場合，髄鞘は脂質に富み，電気を通さない(ア)ため，興奮は，髄鞘(イ)を飛び越え，髄鞘と髄鞘の間にあるランビエ絞輪を飛び飛びに伝導する。これを跳躍伝導という。したがって，③ が正しい。

問３ 10 正解は ⑦

活動電位の概略をつかんでおこう。まず，軸索に電気刺激を与えると，ナトリウムチャネルが開いて Na^+ が軸索内に流入し，膜電位の逆転が起こる。遅れて，カリウムチャネルが開いて K^+ が軸索内から流出し，膜電位が静止状態に戻っていく。

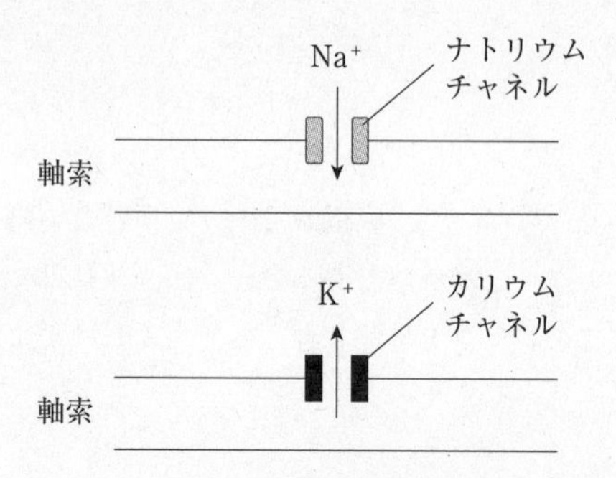

ここで，Na^+はプラスの電荷を帯びており，軸索内に流入するとき，プラスの電荷の移動，すなわち電流として計測される。同様に，K^+もプラスの電荷を帯びており，軸索外に流出するときに電流として計測される。両者の電流の向きは逆向きであり，リード文に「膜電流が細胞の内側から外側に流れる方向を＋，膜電流が細胞の外側から内側に流れる方向を－で示している」とあることから，図１の－方向への電流はNa^+の軸索内への流入によるもの，＋方向への電流はK^+の軸索外への流出によるものである。

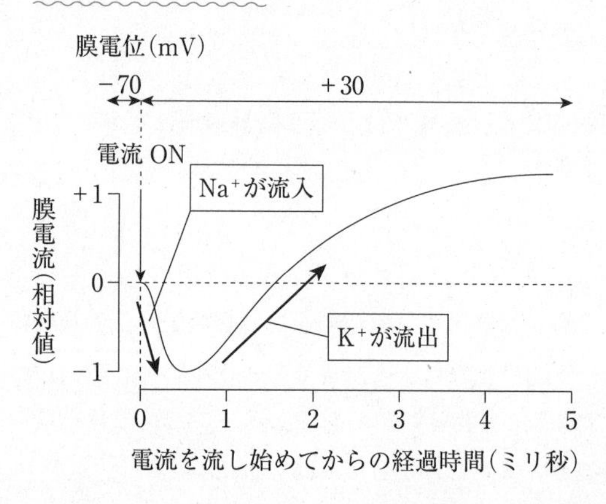

ⓐ　電流を流してから0.5ミリ秒の間に，Na^+が軸索内に流入することで－方向に膜電流が流れているので，軸索内のNa^+濃度は上昇している。したがって，正しい。

ⓑ　図１は横軸が時間軸であるので，グラフの傾き(絶対値)は速度(単位時間当たりのNa^+の流入速度，K^+の流出速度)を示す。－方向の膜電流のグラフの傾き(絶対値)は，＋方向への膜電流のグラフの傾き(絶対値)よりも大きいことから，Na^+の細胞内への流入速度はK^+の細胞外への流出速度よりも大きいことがわかる。したがっ

て，正しい。

ⓒ　膜電流が－方向に流れる時間は＋方向に流れる時間よりもはるかに短い。これは，ナトリウムチャネルが開いている時間が短く，Na^+の軸索内への流入時間が短いが，カリウムチャネルは開いている時間が長く，K^+の軸索外への流出時間が長いからであると説明できる。したがって，正しい。

ⓐ～ⓒのすべてが正しいので，⑦を選ぶ。

問4　[11]・[12]　正解は③・⑥（順不同）

①・②　図2で，物質Aを添加すると，膜電流は－方向には正常に流れているが，＋方向への流れが低下していることから，物質Aは，ナトリウムチャネルの開閉には影響を与えないが，カリウムチャネルが開くのを阻害していると考えられる。したがって，どちらも誤りである。

③・④　図3で，物質Bを添加すると，膜電流は－方向には流れておらず，＋方向には正常に流れていることから，物質Bは，ナトリウムチャネルが開くのを阻害するが，カリウムチャネルが開くのを阻害しないと考えられる。したがって，③は正しく，④は誤りである。

⑤・⑥　図3で，物質Bのはたらきによりナトリウムチャネルが開くのを阻害しても，＋方向の電流が流れていることから，カリウムチャネルが開くためには，ナトリウムチャネルが開く必要はないと考えられる。したがって，⑤は誤りであり，⑥は正しい。

⑦・⑧　図2で，物質Aのはたらきによりカリウムチャネルが開くのを阻害しても，＋方向に膜電流が正常に流れ，図1と同様に0.5ミリ秒で膜電流が反転していることから，ナトリウムチャネルが閉じるためには，カリウムチャネルが開く必要はないと考えられる。したがって，どちらも誤りである。

学力アップ!

物質AはTEA（テトラエチルアンモニウム）という物質であり，軸索上のカリウムチャネルを塞いで，K^+の軸索外への流出を阻害する。また，物質Bはフグ毒で有名なテトロドトキシンであり，軸索上のナトリウムチャネルを塞ぎ，Na^+の軸索内への流入を阻害する。

□第3問 【Hox遺伝子群，遺伝子重複】

ねらい

Hox遺伝子群は，発生学で重要な遺伝子群であるが，進化学でも重要である。ここでは，Hox遺伝子群について，ディスカッションを通して進化について理解できるかを問うた。これを解くためには，脊椎動物の系統関係をしっかり押さえる必要があるので，この機会に総復習してほしい。

解説

問1 13 正解は①

ある器官が別の器官に置き換わる突然変異をホメオティック突然変異，この原因遺伝子をホメオティック遺伝子という。Hox遺伝子群は，ショウジョウバエのホメオティック(ア)遺伝子と似た塩基配列をもつ遺伝子が一つの染色体に集まった遺伝子群である。

ショウジョウバエの発生において，まず，ビコイド遺伝子など母性効果(イ)遺伝子のはたらきで卵の頭部，胸部，腹部のおおまかな位置が決まり，次いでペア・ルール遺伝子などの分節(ウ)遺伝子のはたらきで，胚は14の体節に分けられる。その後，ホメオティック遺伝子のはたらきで，各体節の形態形成が起こる。したがって，①が正しい。

学力アップ！▶

Hox遺伝子群は，ホメオボックスという共通する塩基配列が存在する。植物にもホメオティック遺伝子は存在するが，ホメオボックスが存在しないので，Hox遺伝子群には含めない。

問2 14 正解は②

① ナメクジウオは原索動物に属し，脊索を形成するが，脊椎は形成しない。ヤツメウナギは脊椎動物に属し，脊椎を形成する。したがって，正しい。

② 脊椎動物の大半は顎があるが，ヤツメウナギは脊椎動物の中で唯一顎がない無顎類に属する。ナメクジウオは原索動物であり，顎がない。したがって，誤りである。

③ うきぶくろをもつのは，硬骨魚類の特徴である。原索動物のナメクジウオ，無顎

類のヤツメウナギはうきぶくろをもたない。したがって，正しい。

④ ナメクジウオの属する原索動物，ヤツメウナギの属する脊椎動物は，発生の過程で脊索を形成する。したがって，正しい。

問3 15 正解は④

表1で，軟骨魚類と原始的な硬骨魚類のシーラカンスのHox遺伝子群の数が4個であることから，軟骨魚類から硬骨魚類が分岐する過程では，Hox遺伝子群の数は増加していないと考えられる。したがって，分岐したすべての硬骨魚類の共通祖先はHox遺伝子群を4（ エ ）個もっていたと考えられる。

硬骨魚類の共通祖先のHox遺伝子群の数は4個と考えられ，ほとんどの硬骨魚類のHox遺伝子群の数は7個であることから，硬骨魚類の共通祖先から，硬骨魚類に至る過程で，すべてのHox遺伝子群が1回重複して（2倍の8個になり）1個のHox遺伝子群が欠失（ オ ）して7個になったと考えられる。したがって，④が正しい。

□第４問 【耳の構造と聴覚】

ねらい

聴覚関係の問題は，まずは耳の構造や機能を理解していないとグラフの読み取りどころではない。つまり，知識が前提となって考察問題が成立するので，基礎知識が定着しているかどうかの試金石となる。間違えたときは，教科書などでしっかり知識を頭に叩き込んでほしい。

解説

問１ 16 正解は ③

① 鼓膜の振動は耳小骨に伝わり，その間に振動は増幅されて内耳のリンパに伝わる。したがって，誤りである。

② ユースタキー管（耳管）は中耳から気管支ではなく咽頭につながっているので，誤りである。

③ からだが回転すると半規管内のリンパ液が流動する。半規管内には感覚毛をもつ有毛細胞が存在し，感覚毛がリンパの流動で倒れることで回転運動の感覚が生じる。したがって，正しい。

④ 前庭では，からだが傾くと平衡石（耳石）がずれることで有毛細胞の感覚毛が刺激されて平衡神経細胞が興奮し，からだの傾きを認識する。平衡神経細胞には感覚毛はないので，誤りである。

問２ 17 正解は ②

① うずまき管内では，下図のように音の周波数が異なると振動する基底膜の位置が変化する。したがって，正しい。

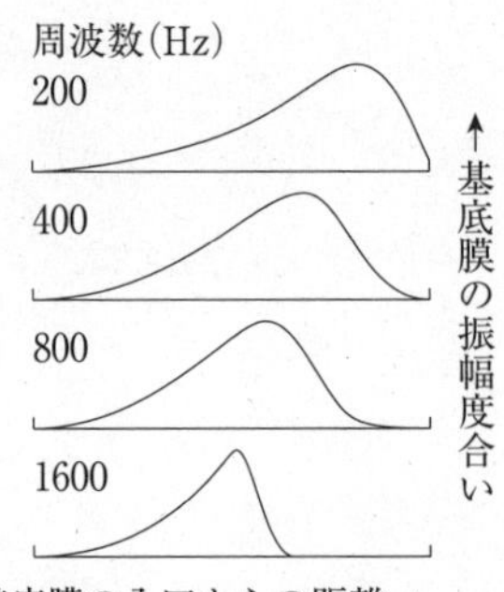

② リンパの振動が基底膜の振動として聴細胞に伝わるので，誤りである。

③ 内耳には，うずまき管，前庭，半規管が含まれるので，正しい。

④ うずまき管内では，音波(リンパの振動)は卵円窓から前庭階に入り，基底膜を振動させて鼓室階から出る。したがって，正しい。

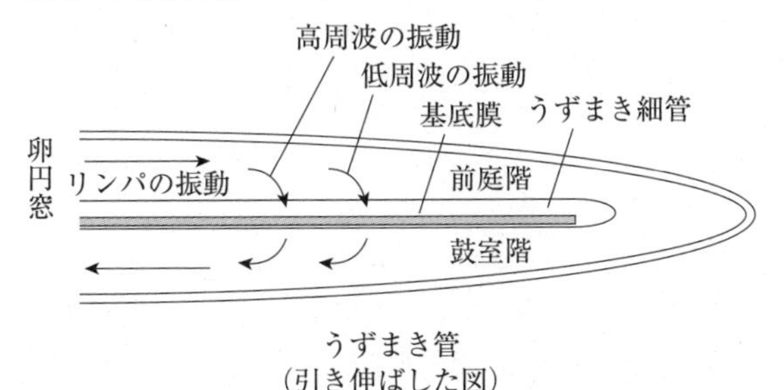

うずまき管
(引き伸ばした図)

確認

内耳の受容器

・うずまき管：音波を感知

・前庭　　　：重力方向とからだの傾きを感知

・半規管　　：からだの回転と速度を感知

問３ 18 正解は④ 19 正解は②

・被験者Ａ

図１を見ると，健康な人に比べて，気導音も骨導音も，音を認識できた最小の音の大きさが大きくなっている。つまり，聞きとりにくくなっている。骨導音は頭蓋骨を介して内耳のうずまき管に直接伝わるが，この骨導音が聞き取りにくくなっていることから，内耳の機能が健康な人よりも低下していると考えられる。したがって，④が正しい(18 の答え)。

・被験者Ｂ

図１を見ると，骨導音は健康な人と差はないことから，内耳の機能は低下していないと考えられる。一方，健康な人に比べて，気導音は聞き取りにくくなっていること，気導音は，音波を耳に当てたヘッドフォンを介して，外耳，中耳，内耳へと伝わる音であることから，外耳もしくは中耳の機能が健康な人よりも低下していると考えられる。したがって，②が正しい(19 の答え)。

□第5問 【個体群密度】

ねらい

個体群の分野は，野外調査の結果を表，グラフなど多くの数値データで示す場合が多い。このときデータをどう読むかが重要になってくる。表1や表2の内容を読みきって，考察に持ち込めることができるようになってほしい。

解説

問1 [20] 正解は ③

トノサマバッタは，幼虫密度が低いときと高いときで，成虫になったときの形態や行動が異なる。これを相変異という。幼虫密度が低いときの成虫を孤独相，幼虫密度が高いときの成虫を群生相という。孤独相，群生相の特徴を下表に示す。群生相は，① 長い前翅をもち，② 短い後脚をもつ。また，④ 産卵数が少ない。しかし，③ 体色は緑色ではなく，黒色である。したがって，③ が誤っている。

	体色	体の大きさ	後脚の長さ	前翅の長さ	産卵数
孤独相	緑色	大きい	長い	短い	多い
群生相	黒色	小さい	短い	長い	少ない

問2 [21] 正解は ⑤

表1中の [ア] の小動物Xの個体数をN個体とおく。このうち，24個体に標識をして戻したので，全体の個体数：標識個体数＝N：24。その後，40個体を再捕獲したところ，標識されている個体は10個体であるので，全体の個体数:標識個体数＝40：10。この比は，集団の大きさに関係なく一定であることから，N：24＝40：10が成り立つ。これを解くとN＝24×40÷10＝96となるので，⑤ が正しい。

問3 [22] 正解は ⑥

表1で，1990年～2000年の間に食物が増加すると，小動物Xの個体数は増加([ウ])する。調査区ⅡとⅢのうち，個体数が増加したのは調査区Ⅲ([イ])である。表2を見ると，調査区Ⅲでは，1990年～2000年の間に個体の平均体重が減少している。このことから，個体数の増加によって1個体当たりの食物が減少([エ])したと考えられる。したがって，⑥ が正しい。

□第６問　【植物の自家受精とヘテロ接合度】

ねらい

近年，ヘテロ接合度という指標をもとに集団内の遺伝子の多様性や自家受精の寄与度などを調べる研究が盛んである。ここでは，ヘテロ接合度とは何か，ヘテロ接合度を使って何がわかるかを理解できるようになってほしい。

解説

問１　23　正解は⑤

ⓐ　有性生殖により形成された種子の遺伝子型は多様である。一方，むかごで増える方法は無性生殖(栄養生殖)であり，親と新個体の遺伝子型がまったく同じであり，遺伝的多様性はない。したがって，正しい。

ⓑ　植物Ａはユリ科の植物であり，花は色鮮やかな花弁で送粉者を誘引する虫媒花である。昆虫がいない地域では，送粉者による他家受精が行われず自家受精のみで子孫を増やす。一方，昆虫のいる地域では自家受精だけでなく送粉者によって他家受精も行われる。自家受精を繰り返すと遺伝子がホモ接合になる確率が高くなり，遺伝的多様性を失うため，昆虫がいない地域は昆虫のいる地域に比べて植物Ａの遺伝的多様性が低くなる。したがって，誤りである。なお，下表に，遺伝子型がAAとaaの個体をもとに自家受精を繰り返した場合の遺伝子型の比を示した。ホモ接合体の割合が高くなることがわかるだろう。

自家受精の繰り返しによる各遺伝子型の割合

	AA	Aa	aa
F_1	0	1	0
F_2	1	2	1
F_3	3	2	3
F_4	7	2	7
F_n	$2^{n-1}-1$	2	$2^{n-1}-1$

ⓒ　環境が安定しているときは，形成するのに受精が必要な種子で増えるよりも，単独で形成できるむかごで増える方が増殖効率がよい。環境が変化したときは，遺伝的に多様な種子で増える方が，遺伝的多様性のないむかごで増えるよりも，生き残る個体が生じる確率が高く，生存や繁殖に有利である。したがって，正しい。

確認

有性生殖：配偶子(精子や卵など)によって新個体を形成する。新個体の遺伝子型は多様である。

無性生殖：配偶子以外の方法(分裂，出芽，栄養繁殖など)で新個体を形成する。新個体の遺伝子型はすべて同じになる。

問2 24 正解は ⑤

集団中の遺伝子頻度が A1：A2：A3 $=\frac{1}{3}:\frac{1}{3}:\frac{1}{3}$であり，ハーディ・ワインベルグの法則が成り立つ集団では任意交配(自由交配)が行われるので，集団中の遺伝子型とその頻度は，次の交配表のようになる。表中の網掛け部分はヘテロ接合体である。この表をもとにヘテロ接合度を計算すると，$\frac{1}{9}\times 6=\frac{2}{3}$となる。したがって，⑤が正しい。

	$\frac{1}{3}$A1	$\frac{1}{3}$A2	$\frac{1}{3}$A3
$\frac{1}{3}$A1	$\frac{1}{9}$A1A1	$\frac{1}{9}$A1A2	$\frac{1}{9}$A1A3
$\frac{1}{3}$A2	$\frac{1}{9}$A1A2	$\frac{1}{9}$A2A2	$\frac{1}{9}$A2A3
$\frac{1}{3}$A3	$\frac{1}{9}$A1A3	$\frac{1}{9}$A2A3	$\frac{1}{9}$A3A3

問3 25 正解は ②

① **問1**のⓑの表にあるように，自家受精を繰り返すとホモ接合体の割合が高くなる。すなわち，ヘテロ接合度が低下する。したがって，正しい。

② 遺伝的浮動とは，世代間で遺伝子頻度が偶然変化することであり，集団が小さくなるほど起こりやすくなる。自家受精が原因で起こる現象ではないので，誤りである。

③ 自家受精しかできない集団は遺伝子型がホモ接合体ばかりになり遺伝的多様性を失うので，環境が変化した場合に生き残る個体が生じる可能性が低くなる。したがって，正しい。

④ 自家受精を繰り返すとホモ接合体の割合が高くなる。生存や繁殖に不利な遺伝子が劣性遺伝子の場合，他家受精ではホモ接合になる確率は低いが，自家受精しかできない集団では，ホモ接合になり発現する確率が高くなる。したがって，正しい。

問４ 26 正解は④

遺伝子座Aについて，七つある対立遺伝子をA1，A2，A3，A4，A5，A6，A7とする。このうちA1A2，A1A3のように異なる対立遺伝子の二つの組合せは，$_7C_2 = 7\times6\div2 = 21$ 通りである。さらに，A1A1，A2A2などホモ接合体を合わせると，$21+7=28$ 通りとなる。

問５ 27 正解は⑤

ⓓ 自家受精など近親交配が起こっている場合，ホモ接合体の割合が高くなり，ヘテロ接合度は低下する。表１を見ると，A～Dのすべての遺伝子座で，ヘテロ接合度の理論値よりも実測値の方が低いので，この個体群では近親交配が起こっていると考えられる。したがって，可能性が高い。

ⓔ もし，この個体群が主にむかごで増えた個体から構成されているとすると，遺伝子型は，例えばA1A1ばかりになり，対立遺伝子数は少なくなるはずである。しかし，実際の対立遺伝子の数は７～16と多く，しかもばらつきがあることから，むかごではなく，種子で増えたと考えられる。したがって，可能性は低い。

ⓕ この個体群では，対立遺伝子数が７～16と多く遺伝的多様性がある。また，ヘテロ接合度の実測値も高く，他家受精が行われていると考えられる。したがって，可能性が高い。

ⓓとⓕが正解なので，⑤を選ぶ。

解答解説 第4回

解説動画

出演：飯田高明先生

問題番号(配点)	設問		解答番号	正解	配点	自己採点①	自己採点②
第1問 (26)	A	1	1	④	4		
		2	2	④	4		
		3	3－4	③－⑦	8 (各4)		
	B	4	5	③	3		
		5	6	④	3		
		6	7	③	4		
	小計（26点）						
第2問 (15)	1		8	②	3		
	2		9－10	②－⑦	8 (各4)		
	3		11	①	4		
	小計（15点）						
第3問 (11)	1		12	④	3		
	2		13	③	4		
	3		14	②	4		
	小計（11点）						

問題番号(配点)	設問	解答番号	正解	配点	自己採点①	自己採点②
第4問 (18)	1	15	③	3		
	2	16	④	3		
	3	17	①	4		
	4	18	⑨	4		
	5	19	①	4		
	小計（18点）					
第5問 (15)	1	20	①	3		
	2	21	②	4		
	3	22－23	①－⑧	8 (各4)		
	小計（15点）					
第6問 (15)	1	24	①	3		
	2	25	③	4		
	3	26	③	4		
		27	⑤	4		
	小計（15点）					
合計（100点満点）						

(注)—（ハイフン）でつながれた正解は，順序を問わない。

解説

第4回 実戦問題

□第1問 【光合成と解糖系，体温調節と酵素反応】

ねらい

Aでは，教科書ではあまり扱われない光合成と解糖系の関係について出題した。問題は難しめであるが，「光合成と解糖系がつながっている」という視点で解くと解きやすくなるだろう。Bでは，「生物基礎」の体温調節と「生物」の酵素や神経伝達物質をつなげた総合問題を出題した。基礎知識をつなげて考える力が試されるので，理解できるまで取り組もう。

解説

A

問1 [1] 正解は ④

光合成のチラコイドで行われる反応の概略を下図に示す。光化学系Ⅱ，光化学系Ⅰの光合成色素が光エネルギーを吸収すると，反応中心から電子(e^-)が放出される。光化学系Ⅱ([ア])から放出された電子は，電子伝達系を介して光化学系Ⅰ([イ])に受容される。また，光化学系Ⅰ([ウ])から放出された電子は，$NADP^+$を還元し，その結果，NADPHを生じる。なお，光化学系Ⅱの反応中心は，水の分解で生じた電子によって失った電子を補充している。また，電子伝達系では，電子伝達に伴って生じたエネルギーをもとに，ADPからATPが合成される。

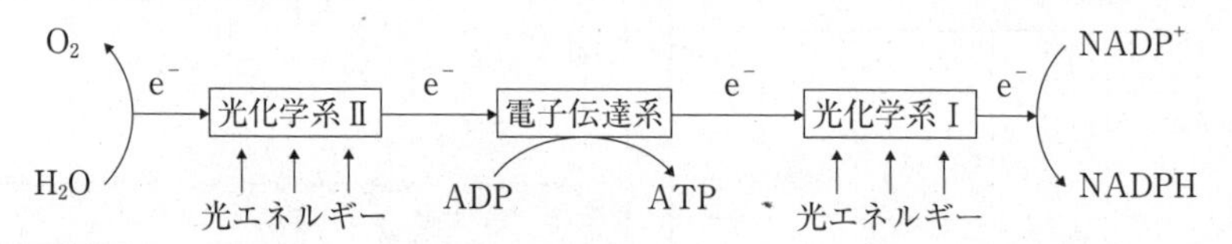

学力アップ!

強い光を照射すると，カルビン・ベンソン回路でのNADPHの消費が追いつかず，$NADP^+$が不足する。この結果，電子が行き場を失ってチラコイド上の電子が過剰になり，活性酸素が発生する。この活性酸素のはたらきで，チラコイド上のタンパク質やクロロフィルが損傷を受ける。これを光阻害(光障害)という。

問2 **2** 正解は ④

光条件を明から暗に切り換えると，チラコイドではATPもNADPHも合成できなくなるので，下図のように，カルビン・ベンソン回路に供給されるATPとNADPHが枯渇する。

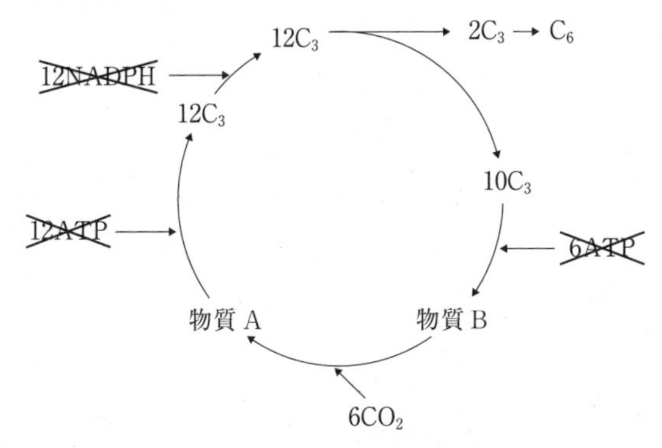

この結果，ATPとNADPHを必要とする物質A→物質Bへの反応は停止する。しかし，物質B→物質Aへの反応にはATPもNADPHも必要ではないので進行する。この結果，物質Aは増加し，物質Bは減少することになる。したがって，④が正しい。

POINT

物質A→物質Bへの反応：暗所では進行しない。
物質B→物質Aへの反応：暗所でも進行する。

問3 **3**・**4** 正解は ③・⑦

物質Aは，葉緑体でも細胞質基質でも合成されるが，**実験1**で，光条件が明のときに^{14}Cで標識した二酸化炭素($^{14}CO_2$)を加えているので，光合成で合成された物質Aは^{14}Cで標識されており，解糖系で合成された物質Aは^{14}Cで標識されていないことに気づくかどうかで勝負が決まる。

① 図2右で^{14}C量は光条件を暗に切り換えて3分後以降減少していることから，葉緑体内では物質Aは合成されておらず減少し続けていることがわかる。したがって，誤りである。

②～⑤ ①で解説したように，葉緑体内では物質Aは合成されておらず，減少し続

けている。しかし，図2左で ^{32}P 量が増加していることから，細胞質基質では，^{32}P で標識された物質Aが解糖系で合成されていると考えられる。したがって，②・④・⑤は誤りであり，③が正しい。

⑥～⑧　①で解説したように，光条件を暗に切り換えて3分後以降，葉緑体内の物質Aは減少し続ける。また，②～⑤で解説したように，細胞質基質では，^{32}P で標識された物質Aが解糖系で合成されている。このことから，葉緑体内の物質Aが減少すると細胞質基質の物質Aが増加すると考えられる。したがって，⑥・⑧は誤りであり，⑦が正しい。

B

問4 5 正解は③

① 糖質コルチコイドはステロイドホルモンの一種であり，脂溶性であるので，標的細胞の細胞膜を透過し，細胞内の受容体と結合する。したがって，正しい。

② インスリンはペプチドホルモンであり，水溶性であるので，標的細胞の細胞膜を透過できず，細胞膜上に存在する受容体に結合する。したがって，正しい。

③ バソプレシンは，間脳視床下部に存在する神経分泌細胞の細胞体で合成される。バソプレシンは軸索を輸送され，脳下垂体後葉に存在する神経終末から分泌される。したがって，誤りである。

④ アドレナリンは水溶性のホルモンであり，標的細胞の細胞膜上の受容体に結合すると細胞内でセカンドメッセンジャーであるcAMPが合成され，細胞内に情報伝達される。したがって，正しい。

確認

選択的透過性

・脂溶性の物質：細胞膜のリン脂質二重層を透過する。

・水溶性の物質：細胞膜のリン脂質二重層を透過できない。

問5 6 正解は④

対照群は実験群と条件を一つだけ変更することがセオリーである。もし，条件を二つ以上変更すると，対照群と実験群の実験結果の違いが，二つの変更した条件のうち，どちらの影響かわからなくなるからである。

実験2の実験群では，開腹手術，および副腎につながる交感神経を切断，という二つの処置を行っている。副腎につながる交感神経を切断した理由は，交感神経の切断が酵素Aの合成に与える影響を調べるためであるので，対照群では副腎につながる交感神経を切断しない。しかし，実験群と他の条件をそろえるため，開腹手術を行う必要がある。したがって，④が正しい。

問6 7 正解は③

表1を見ると，室温を25℃→5℃に冷やすと，副腎につながる交感神経を切断していない対照群では酵素Aの合成が増加しているが，副腎につながる交感神経を切断している実験群では酵素Aの合成が増加していない。このことから，ラットは寒冷刺激を受容すると，交感神経を介して副腎からの酵素Aの合成を促進すると考えられる。

このことと図3から，酵素Aの合成が促進されることで，チロシンからアドレナリンの合成が促進されて副腎髄質からアドレナリンが分泌されることを読み取ることができる。

ⓐ・ⓓ 交感神経から放出される神経伝達物質はノルアドレナリンである。ノルアドレナリンを受容した副腎の細胞内では酵素Aの合成が促進され，酵素Aのはたらきでアドレナリンの合成が促進されると考えられる。したがって，どちらも正しい。

ⓑ 副腎が血液を介して寒冷刺激を受容しているのであれば，副腎につながる交感神経を切断している実験群で酵素Aの合成が増加しているはずである。したがって，誤りである。

ⓒ 酵素Aの合成量が多くなり，アドレナリンの合成量が過剰になると，アドレナリンが酵素Aに結合して，酵素Aの活性が低下するかどうかは，**実験2**からは判断できない。したがって，誤りである。

ⓐ・ⓓが正解であるので，③を選ぶ。

□第２問 【光発芽種子とフィトクロム，ギャップ更新】

ねらい

光発芽種子の発芽とフィトクロムＡ，Ｂの関係について実験考察問題を出題した。調べたい要素が２種類ある場合，変異株の扱いに気をつける必要がある。例えば，この問題のＡ欠損株では，フィトクロムＡのはたらきを見るのではなく，合成されるフィトクロムＢのはたらきを見るなどである。この機会に，このような変異株の扱いに慣れてほしい。

解説

問１ 8 正解は ②

フィトクロムは，Pr 型(赤色光吸収型)と Pfr 型(遠赤色光吸収型)という二つの型が相互変換する物質である。すなわち，Pr 型に赤色光を照射すると Pfr 型に変換し，Pfr 型に遠赤色光を照射すると Pr 型に変換する。

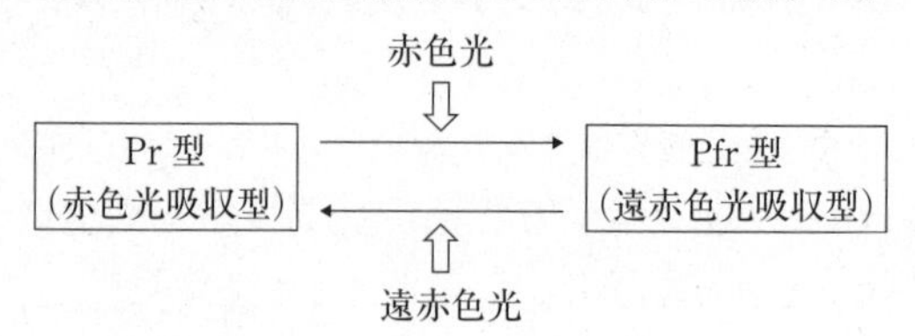

①・② 林冠の塞がった森林では，太陽光のうち，樹木の葉のクロロフィルに赤色光は吸収されるが，遠赤色光は吸収されないため，遠赤色光が林床まで届き，森林内に落ちた光発芽種子に照射される。この結果，フィトクロムの多くは Pr 型になり，Pfr 型(遠赤色光吸収型)の方が Pr 型(赤色光吸収型)よりも少なくなる。したがって，①は誤りであり，②は正しい。

③ 林冠を構成する葉のクロロフィルは，主に赤色光と青色光を吸収し，遠赤色光は吸収しない。つまり，赤色光よりも遠赤色光の方が透過しやすい。したがって，誤りである。

④ 森林に生じたギャップでは，赤色光が光発芽種子に照射され，フィトクロムの多くが Pfr 型になる。この Pfr 型のフィトクロムのはたらきで，ジベレリンの合成が促進され，種子発芽が促進される。したがって，誤りである。

学力アップ!▶

遷移の進行で陽樹林が形成されると，陽樹は種子を林床に落とすが，陽樹の種子は一般的に光発芽種子であるので，暗い林床では発芽せずに休眠する。その後，陽樹林は陰樹林に遷移するが，林冠に大きなギャップが形成されると，光が陽樹の種子に照射されて発芽して成長し，陽樹がギャップを埋める。ただし，ギャップが小さいと，陽樹の種子が発芽しても十分な光量を得られないので，耐陰性の高い陰樹の幼木が成長し，ギャップを埋める。

問2 9 ・ 10 正解は ②・⑦

野生型では，フィトクロムAとBの両方を合成できるが，A欠損株ではフィトクロムBのみ，B欠損株ではフィトクロムAのみしか合成できないことに注意して実験結果を吟味する。

①～④ 表1の3時間後の赤色光照射の結果を見ると，フィトクロムAのみしか合成できないB欠損株では，弱光，強光のどちらも発芽していないことから，フィトクロムAは3時間後には発現していないと考えられる。一方，フィトクロムBのみしか合成できないA欠損株では，強光を照射すると発芽していることから，フィトクロムBは3時間後には発現していると考えられる。したがって，②は正しく，①，③，④は誤りである。

⑤～⑧ 表1の48時間後の赤色光照射の結果を見ると，フィトクロムAのみしか合成できないB欠損株では，弱光を照射すると発芽していることから，フィトクロムAは48時間後には発現していると考えられる。一方，フィトクロムBのみしか合成できないA欠損株では，強光を照射すると発芽していることから，フィトクロムBは48時間後には発現していると考えられる。したがって，⑦は正しく，⑤，⑥，⑧は誤りである。

問3 11 正解は ①

ⓐ 表1で，フィトクロムAしか合成できないB欠損株では，48時間後に弱光を照射すると発芽していることから，フィトクロムAは弱い赤色光に反応し，種子発芽にはたらくことができると考えられる。したがって，正しい。

ⓑ 表1で，フィトクロムBしか合成できないA欠損株では，3時間後でも48時間後でも，弱光を照射すると発芽していないことから，フィトクロムBは弱い赤色光

では反応できず，種子発芽にはたらくことができないと考えられる。したがって，正しい。

ⓒ ⓐ・ⓑで解説したように，フィトクロムAは弱い赤色光に反応できるが，フィトクロムBは弱い赤色光に反応できないので，シロイヌナズナが弱い赤色光で種子発芽するためには，フィトクロムAが必要であるが，フィトクロムBは必要ではないと考えられる。したがって，誤りである。

ⓓ 表1で，フィトクロムAしか合成できないB欠損株では，3時間後でも48時間後でも強光を照射すると種子発芽していないことから，フィトクロムAは強い赤色光に反応できず，種子発芽にはたらくことができないと考えられ，シロイヌナズナが強い赤色光で種子発芽するためには，フィトクロムAは必要ないと考えられる。したがって，誤りである。

□第３問 【動物の発生運命と誘導】

ねらい

発生学では，「発生運命」と「誘導」という考え方が重要である。上皮と間充織を組み合わせて培養するという実験方法は古典的であるが，組織間の影響を調べるためには非常に優れた実験方法である。この古典的な実験方法と考察の手順を理解してほしい。

解説

問１ 12 正解は ④

① 粗面小胞体上のリボソームにmRNAが結合すると翻訳が開始され，ペプシノーゲンのポリペプチドが合成される。したがって，正しい。

② 合成されたペプシノーゲンのポリペプチドは，小胞体内に入ってシャペロンの補助をもとに特有の立体構造を形成する。これをタンパク質のフォールディングという。したがって，正しい。

③ 立体構造を形成したペプシノーゲンは，小胞体からゴルジ体に運ばれ濃縮される。したがって，正しい。

④ 濃縮されたペプシノーゲンは小胞に包まれた状態でエキソサイトーシス（開口分泌）により細胞外へ分泌される。細胞外の物質を細胞膜で包んで細胞内に取り込むエンドサイトーシスとは異なるので，誤りである。

確認▶

エキソサイトーシス：物質を含んだ小胞が細胞膜に融合して開口し，物質を放出する。
エンドサイトーシス：細胞外の物質が細胞膜に包まれて，細胞内に取り込まれる。

問２ 13 正解は ③

表１で，本来は胃腺の分化しない砂のうの上皮に，前胃の間充織を組み合わせるとペプシノーゲン遺伝子が発現し，本来は胃腺の分化する前胃の上皮に砂のうの間充織を組み合せるとペプシノーゲン遺伝子が発現しないことから，上皮は前胃の間充織の誘導物質のはたらきかけ（誘導）により胃腺を分化させると考えられる。

① 前胃の上皮は，前胃の間充織のはたらきかけがないと胃腺に分化できない。した

がって，誤りである。

② 前胃の上皮は，砂のうの間充織のはたらきかけによって胃腺への分化が抑制されるかどうかは，前胃の上皮だけを培養して胃腺に分化するかどうかを確かめないと判断できない。したがって，誤りである。

③ 砂のうの上皮は，前胃の間充織のはたらきかけによって発生運命を変更して胃腺を分化させる。したがって，正しい。

④ **実験1**は，上皮が胃腺へ分化するかどうかを調べており，砂のうの間充織が前胃の上皮のはたらきかけによって発生運命を変更するかどうかを調べていないので，判断できない。したがって，誤りである。

問3 14 正解は②

ⓐ 砂のうの間充織に砂のうの上皮を再結合させると，接する部分には平滑筋が分化しないことから，砂のうの上皮から間充織に平滑筋への分化を抑制する物質が分泌されていると考えられる。したがって，正しい。

ⓑ 砂のうの上皮に，間充織を平滑筋に誘導する能力があるのであれば，平滑筋に上皮を再結合したときに，接する部分から平滑筋が分化しないということはないはずである。したがって，誤りである。

ⓒ・ⓓ **実験2**で，砂のうの間充織だけを単独培養すると，平滑筋が分化していることから，間充織の発生運命は平滑筋であると考えられる。したがって，ⓒは正しく，ⓓは誤りである。

ⓐとⓒが正しいので，②を選ぶ。

□ 第４問 【免疫と MHC】

ねらい

免疫は，主に「生物基礎」で学習するが，免疫に関わる遺伝子やタンパク質については「生物」で学習する。ここでは，両者の内容を合わせて考える力を養ってほしい。免疫については，基礎知識がない状態ではまず解けないので，しっかり復習することが大切である。

解説

問１ [15] 正解は ③

抗原は，食細胞の一種である樹状細胞がエンドサイトーシス([ア])により細胞膜で包み込むように取り込まれる。この抗原を取り囲んだ小胞はリソソームと融合して，リソソーム内部の分解酵素によりペプチド断片にまで分解する。このペプチド断片は細胞内で MHC と結合して細胞膜上に移動する([イ])ことで，抗原提示される。したがって，③ が正しい。

問２ [16] 正解は ④

細胞性免疫では，樹状細胞が抗原を取り込んで，ペプチド断片を MHC 上に抗原提示する。このペプチド断片に合致する TCR(T 細胞受容体)をもったヘルパー T 細胞とキラー T 細胞が反応して活性化する。活性化したキラー T 細胞は直接抗原を攻撃し，死滅させる。また，活性化したヘルパー T 細胞はサイトカインを放出し，同じ抗原を取り込み抗原提示したマクロファージを活性化させ，食作用を増進させる。したがって，④ が正しい。

問３ [17] 正解は ①

遺伝子型が aa のマウスの MHC を a, bb のマウスの MHC を b とする。両者のマウスを交配してできた F_1 のマウスの遺伝子型は ab であるので，F_1 のマウスは a と b の両方の MHC をもつことになる。自身のもっていない MHC は非自己成分と認識されるので，aa のマウスは b の MHC を非自己成分として認識し，bb のマウスは a の MHC を非自己成分と認識するが，F_1 のマウスは a の MHC も b の MHC も自己と認識する。

ⓐ　F_1のマウスはaのMHCもbのMHCも自己と認識するので，aのMHCをもつ遺伝子型がaaのマウスの移植片は生着すると考えられる。したがって，正しい。

ⓑ　F_1のマウスはaのMHCもbのMHCも自己と認識するので，bのMHCをもつ遺伝子型がbbのマウスの移植片は生着すると考えられる。したがって，正しい。

ⓒ　遺伝子型がaaのマウスはbのMHCを非自己成分として認識するので，aのMHCとbのMHCの両方をもつF_1のマウスの移植片は拒絶されると考えられる。したがって，誤りである。

ⓓ　遺伝子型がbbのマウスはaのMHCを非自己成分として認識するので，aのMHCとbのMHCの両方をもつF_1のマウスの移植片は拒絶されると考えられる。したがって，誤りである。

ⓐとⓑが生着すると予想されるので，① を選ぶ。

POINT ▶

・F_1マウス(遺伝子型ab)：aのMHCもbのMHCも自己と認識する。
・遺伝子型がaaのマウス：aのMHCは自己と認識するが，bのMHCは非自己と認識する。
・遺伝子型がbbのマウス：bのMHCは自己と認識するが，aのMHCは非自己と認識する。

問4　**18**　正解は ⑨

ヌードマウスには胸腺がない。T細胞は胸腺で成熟するので，胸腺がないとT細胞を欠損することになる。T細胞のうちヘルパーT細胞は，体液性免疫，細胞性免疫の両方にはたらくので，T細胞が欠損すると体液性免疫も細胞性免疫も不全になる。

ⓔ　胸腺がなくても，自然免疫には影響がないので，正しい。

ⓕ・ⓖ　体液性免疫も細胞性免疫も不全になるので，ⓔは誤りであり，ⓕが正しい。

ⓗ　胸腺がないとT細胞が成熟できず，体内にT細胞が存在しない状態になる。したがって，正しい。

ⓔ・ⓖ・ⓗが正解であるので，⑨ を選ぶ。

問5　**19**　正解は ①

表1で，遺伝子型 aa のマウスは a の MHC を自己と認識し，拒絶反応を起こさない。ヌードマウスの移植片に対して遺伝子型 aa のマウスは拒絶反応を起こさなかったことから，ヌードマウスは a の MHC しかもたないと考えられる。もし，a の MHC 以外の MHC，例えば，b の MHC をもっていれば遺伝子型 aa のマウスで拒絶反応が起こるはずである。これらのことからヌードマウスの遺伝子型は aa と特定できる。したがって，① が正しい。

□第5問 【体温調節と適応進化】

ねらい

データがグラフで表されている場合，そのグラフから読み取る力が試される。ここでは，グラフが棒グラフでも折れ線グラフでもなく，プロットだけのグラフから相関の有無を判断できるかどうかを問うた。この機会に，どのようにグラフを見ればよいか学んでほしい。

解説

問1 20 正解は ①

間脳視床下部が寒冷刺激を受容すると，交感(ア)神経のはたらきで，皮膚の血管が収縮(イ)する。この結果，体表に流れる血液量が減少して体表からの放熱(ウ)が抑制される。また，立毛筋が収縮することで毛と毛の間に温かい空気を保持し，やはり放熱が抑制される。なお，皮膚の血管や立毛筋には副交感神経は分布していない。

問2 21 正解は ②

① 脊椎動物の進化の過程で，両生類の段階で四肢が獲得され，両生類から分岐した鳥類，は虫類，哺乳類もすべて四肢をもち，四足動物としてまとめられている。したがって，正しい。なお，鳥類の翼は，前肢が変化したものである。

② は虫類と鳥類，哺乳類の胚は胚膜で包まれ，羊膜類としてまとめられている。羊膜類では，胚は羊水に満たされているため，陸上の乾燥に耐えることができ，また衝撃にも耐えることができる。したがって，誤りである。

③ は虫類は古生代の石炭紀に出現したが，鳥類は中生代のジュラ紀，哺乳類は中生代の三畳紀に出現したと考えられている。したがって，正しい。

④ 哺乳類の大半は胎生であるが，単孔類(ハリモグラとカモノハシ)だけは卵生である。したがって，正しい。

確認

陸上脊椎動物の出現時期

・両生類：古生代デボン紀
・爬虫類：古生代石炭紀
・哺乳類：中生代三畳紀
・鳥類　：中生代ジュラ紀

問３　22 ・ 23　正解は ①・⑧

①～④　図１左を見ると，最低気温が高くなるほど，くちばしの大きさが大きくなっていく傾向があることがわかる。つまり，最低気温とくちばしの大きさには正の相関がある。一方，図１右を見ると，最高気温とくちばしの大きさには関係がないことがわかる。つまり，最高気温とくちばしの大きさには相関はない。したがって，①が正しく，②～④は誤りである。

⑤・⑥　①～④で解説したように，最高気温とくちばしの大きさには相関はないことから，くちばしの小さな種は高温環境下での生育に有利でも不利でもないと考えられる。したがって，どちらも誤りである。

⑦・⑧　リード文に「くちばしの骨と角質の間には血管や神経が通っている」とあることから，くちばしの血管から放熱が行われていることがわかる。①～④で解説したように，最低気温とくちばしの大きさには正の相関があることと合わせると，くちばしの小さな種は，くちばしを小さくすることで表面積を小さくし，低温環境下でくちばしからの放熱を抑制することで，生育に有利になっていると考えられる。したがって，⑦は誤りであり，⑧は正しい。

□第６問 【選択的スプライシング】

ねらい

「生物基礎」では遺伝子の転写･翻訳を学習し,「生物」ではさらにスプライシングが付け加わり，転写・スプライシング・翻訳の流れを理解する必要がある。ここでは，計算問題を主題にして，この流れに沿って考える力を試した。計算の過程が大事になるので，この機会にしっかり理解してほしい。

解説

問１ 24 正解は ①

真核生物の転写・スプライシング・翻訳の流れを下図に示す。

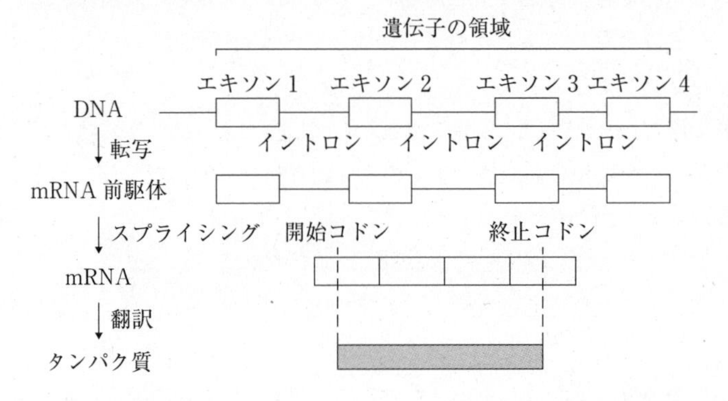

核内では，DNA の二重らせんがほどけて遺伝子が転写され，mRNA 前駆体が生じる。その後，核内(ア)でイントロンが除去されるスプライシングが起こり，mRNA が完成する。この mRNA は核膜孔を移動して細胞質中のリボソーム(イ)で翻訳されて mRNA の塩基配列にしたがったアミノ酸配列をもったタンパク質が合成される。したがって，①が正しい。

問２ 25 正解は ③

エキソン１とエキソン６は必ず選択される。残りのエキソン２～５は，それぞれ選ばれるか，選ばれないかの２通りしかないので，mRNA は最大で，2×2×2×2=16 通りになる。したがって，③が正しい。

問3 26 正解は ③ 27 正解は ⑤

エキソン1の25～27番目の塩基は開始コドンであるので，エキソン1のうちアミノ酸をコードする領域の塩基数は，204－24＝180塩基である。また，エキソン6の229～231番目の塩基は終止コドンであるので，エキソン6のうち，アミノ酸をコードする領域の塩基数は228塩基である。したがって，必ず選ばれるエキソン1とエキソン6のうちアミノ酸をコードする領域の塩基数は180＋228＝408塩基である。

組織Y：タンパク質のアミノ酸数は319であり，コドンは3塩基からなるので，mRNAのうちアミノ酸をコードする領域は，319×3＝957塩基である。このうち，エキソン1とエキソン6の408塩基を除くと，957－408＝549塩基となる。エキソン2～5の塩基数の合計は168＋150＋129＋231＝678塩基であるので，678－549＝129塩基のエキソン，すなわち，エキソン4がmRNAに含まれないことがわかる。したがって，③が正しい。

組織Z：タンパク質のアミノ酸数は362であるので，mRNAのアミノ酸をコードする領域は，362×3＝1086塩基である。このうち，エキソン1とエキソン6の408塩基を除くと，1086－408＝678塩基となる。エキソン2～5の塩基数の合計は678塩基であるので，mRNAに含まれないエキソンはないことがわかる。したがって，⑤が正しい。

解答解説 第5回

解説動画

出演：飯田高明先生

問題番号(配点)	設問	解答番号	正解	配点	自己採点①	自己採点②
第1問 (14)	1	1	②	3		
	2	2	③	3		
	3	3	②	4		
	4	4	④	4		
	小計（14点）					
第2問 (19)	1	5	③	3		
	2	6－7	③－⑥	8(各4)		
	3	8	⑤	4		
	4	9	②	4		
	小計（19点）					
第3問 (26)	A 1	10	③	3		
	A 2	11	③	4		
	A 3	12	②	4		
	A 4	13	⑧	4		
	B 5	14	①	3		
	B 6	15	⑤	4		
	B 7	16	②	4		
	小計（26点）					

問題番号(配点)	設問	解答番号	正解	配点	自己採点①	自己採点②
第4問 (15)	1	17	①	4		
	2	18	①	3		
	3	19－20	①－⑥	8(各4)		
	小計（15点）					
第5問 (12)	1	21	④	4		
	2	22	④	4		
	3	23	③	4		
	小計（12点）					
第6問 (14)	1	24	②	3		
	2	25	③	3		
	3	26	⑤	4		
	4	27	①	4		
	小計（14点）					
合計（100点満点）						

(注)―（ハイフン）でつながれた正解は，順序を問わない。

解説

第5回 実戦問題

□第1問 【陸上生態系と海洋生態系】

ねらい

教科書では主に陸上生態系を学習し，海洋生態系は陸上生態系とは別のものとして学習することが多いが，実際は，両者は密接につながっている。この問題を通して陸上生態系と海洋生態系をリンクさせて考える力を養ってほしい。

解説

問1 [1] 正解は ②

① 植物の光合成は主に葉で行われるが，呼吸は葉だけなく，非光合成器官(幹，枝，根)でも行われる。森林生態系の主な生産者は木本植物であり，葉に対する非光合成器官の割合が草原の主な生産者である草本動物よりも大きく，総生産量に対する呼吸量の割合が大きい。純生産量＝総生産量－呼吸量であるので，森林生態系は，草原に比べて総生産量に対する純生産量の割合が小さい。したがって，誤りである。

② 森林生態系は，裸地→草本群落→陽生低木林→陽樹林→陰樹林へと遷移し，陰樹林で極相となる。極相状態の森林では成長量はほぼ0になり，現存量はほぼ一定となる。したがって，正しい。

③・④ 夏緑樹林は秋に一斉落葉するので，河川へ流入する落ち葉は照葉樹林よりも多いと考えそうであるが，間違いである。照葉樹林では一斉落葉は見られないが，絶えず葉は更新しており，落葉して河川に流入している。また，単位面積当たりの現存量は熱帯に成立する熱帯多雨林の方が冷温帯に成立する夏緑樹林よりもはるかに大きいので，河川に流入する落ち葉も熱帯多雨林の方が多い。したがって，どちらも誤りである。

確認

純生産量＝総生産量－呼吸量

成長量＝純生産量－被食量－枯死量(死滅量)

問2 [2] 正解は ③

①・② 海洋生態系の主な生産者は植物プランクトンである。陸上生態系では，一次

消費者は植物体の一部を摂食する。一方，海洋生態系では，一次消費者は植物プランクトンを丸ごと摂食するので，陸上生態系に比べて，現存量当たりの被食量が多い。したがって，どちらも正しい。

③ 補償深度とは，総生産量と呼吸量が等しく，純生産量がゼロになるときの深度である。したがって，誤りである。

④ 内湾には河川から有機物が流入し，分解されて栄養塩類を生じるので，内湾は外洋よりも栄養塩類が多く，植物プランクトンの現存量が大きい。この結果，内湾は外洋よりも透明度が低く，光が深いところまで届かない。そのため，内湾よりも外洋の方が補償深度は深い。したがって，正しい。

問3 3 正解は②

河川に流入した落ち葉に含まれる有機窒素化合物は微生物により分解されて，アンモニウム(ア)イオンが生じる。アンモニウムイオンは亜硝酸菌のはたらきで亜硝酸イオンに，亜硝酸イオンは硝酸菌のはたらきで硝酸(イ)イオンにまで変化する。この過程を硝化作用といい，亜硝酸菌と硝酸菌を合わせて硝化菌という。アンモニウムイオンや硝酸イオンは植物プランクトンに吸収され，窒素同化(ウ)によりアミノ酸など有機窒素化合物に合成される。したがって，②が正しい。なお， ウ の選択肢の窒素固定は，空気中の窒素(N_2)をアンモニウムイオンに変えることである。

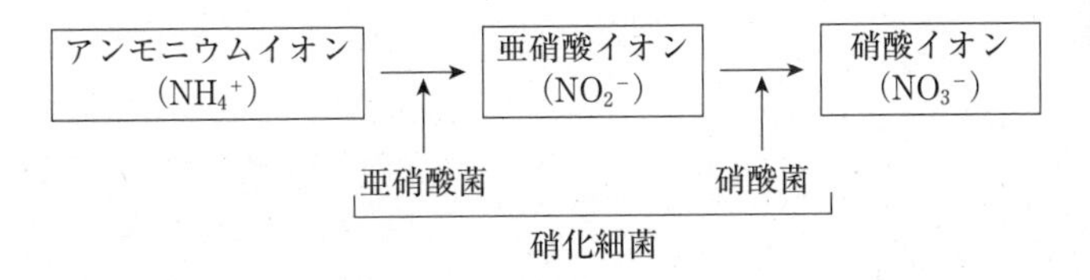

問4 4 正解は④

① もし，ホッキョクギツネが魚を捕食することで，海洋から有機物を陸地へ持ち運んでいるのであれば，図1左で，植物の現存量は，ホッキョクギツネが導入された島の方が導入されなかった島よりも大きいはずである。しかし，実際にはそうはなっていないので，誤りである。

② もし，ホッキョクギツネが海鳥を捕食することで，海鳥による植物の食害を防い

でいるのであれば，ホッキョクギツネが導入された島では海鳥が少なくなり，植物の食害が減少するので，植物の現存量は，ホッキョクギツネが導入されなかった島よりも大きいはずである。しかし，実際にはそうはなっていないので，誤りである。

③ ホッキョクギツネが導入されなかった島では植物が海鳥からの食害に晒されているのであれば，植物の現存量は，ホッキョクギツネが導入されて海鳥密度が低くなった島よりも小さいはずである。しかし，実際にはそうはなっていないので，誤りである。

④ 図1左と中央から，海鳥の密度が高いと土壌中のリンの量が多くなることから，海鳥は海洋から魚などを捕食することで，海洋から陸地へ有機物を供給していると考えられる。また，ホッキョクギツネが導入された島では，海鳥の密度が低くなっていることから，海鳥はホッキョクギツネに捕食されて数を減らし，この結果，海洋から陸地への有機物の供給量が減少し，植物の現存量は小さくなったと考えられる。したがって，正しい。

POINT

海鳥が魚を捕食することで，陸上生態系に有機物(魚の遺体や海鳥の遺体，糞など)がもたらされ，植物の現存量が大きくなる。ホッキョクギツネが海鳥を捕食すると，海洋生態系から陸上生態系へ移動する有機物量が減少し，植物の現存量が小さくなる。

□第２問 【植物ホルモン】

ねらい

植物ホルモンの研究では接ぎ木実験がよく行われる。ここでは，接ぎ木実験の方法を知り，実験結果からどのように推論を導くかをしっかり習得してほしい。

解説

問１ 5 正解は③

頂芽で合成されたオーキシンは基部方向に極性移動し，側芽の成長を抑制する。これを頂芽優勢という。頂芽を切除すると，オーキシンが供給されなくなるので，側芽の基部のオーキシン(ア)濃度が低下し，細胞分裂の促進にはたらくサイトカイニンの合成が促進される(イ)ことで，側芽の伸長が促進されると考えられている。

問２ 6 · 7 正解は③・⑥（順不同）

①～③ まず，**実験１**で，変異体Ａ，Ｂは，野生型に比べて物質Ｘの合成量が大幅に減少していたことから，酵素Ａ，酵素Ｂは物質Ｘの合成に必要であることがわかる。したがって，①・②は誤りであり，③が正しい。

④～⑦ 次に，**実験２**の接ぎ木実験において，表１で接ぎ穂，もしくは台木が野生型の場合，接ぎ穂の枝分かれは正常になったことから，接ぎ穂，あるいは台木に用いた野生型では物質Ｘが合成されたと考えられる。したがって，⑥が正しく，④・⑤・⑦は誤りである。

問３ 8 正解は⑤

表２で，台木が変異体Ｂ，接ぎ穂が変異体Ａの場合，接ぎ穂の枝分かれが過剰になったことから，接ぎ穂の物質Ｘの合成量が野生型に比べて大幅に減少していると考えられる。一方，台木が変異体Ａ，接ぎ穂が変異体Ｂの場合，接ぎ穂の枝分かれが正常になったことから，接ぎ穂の物質Ｘは野生型と同様に正常に合成されていると考えられる。変異体Ａは酵素Ａを欠損しているが酵素Ｂを合成でき，変異体Ｂは酵素Ｂを欠損しているが酵素Ａを合成できることから，次頁の図のような合成経路を作成することができる。

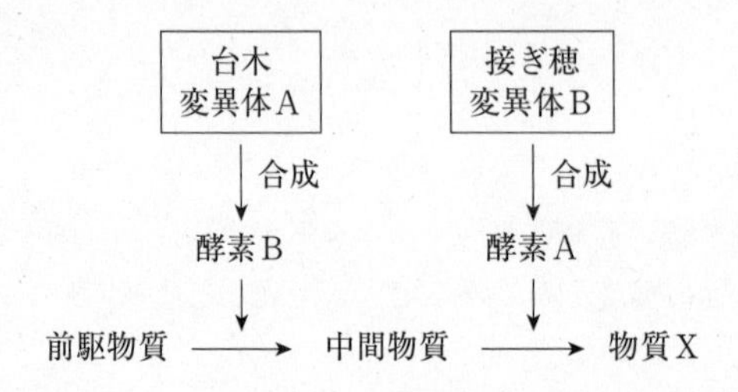

台木の変異体Aでは前駆物質から酵素Bのはたらきで中間物質がつくられて接ぎ穂に移動する。次に，接ぎ穂の変異体Bでは酵素Aのはたらきで中間物質から物質Xがつくられ，接ぎ穂の枝分かれが正常になったと考えられる。

①～③　上図から，酵素Aも酵素Bも物質Xの合成経路上の反応を触媒しており，異なる反応を触媒していることがわかる。したがって，すべて誤りである。

④・⑤　上図から，物質Xの合成経路上において，酵素Bは酵素Aの上流ではたらいていることがわかる。したがって，④は誤りであり，⑤が正しい。

問4　9　正解は②

変異体Cは酵素Aも酵素Bも正常に合成できるので，酵素Aと酵素Bがはたらいて物質Xを合成する。表3で，接ぎ穂が変異体Cの場合，接ぎ穂の枝分かれが過剰になっていることから，接ぎ穂の変異体Cは物質Xに対して応答できないと考えられる。つまり，タンパク質Cは接ぎ穂の側芽の細胞で物質Xに対する応答に必要であると考えられる。

ⓐ・ⓒ　タンパク質Cが物質Xの受容体としてはたらく，もしくは物質Xを受容体した後の細胞内の情報伝達にはたらくと考えれば，タンパク質Cを欠損している変異体Cが物質Xに応答できないことを説明できる。したがって，正しい。

ⓑ　タンパク質Cが物質Xの合成を促進する調節タンパク質としてはたらくのであれば，接ぎ穂が変異体Cでも枝分かれが正常になるはずであるが，実際にはそうはなっていない。したがって，誤りである。

ⓓ　タンパク質Cが物質Xと結合して，物質Xのはたらきを阻害すると考えた場合，接ぎ穂がタンパク質Cを合成する野生株のときに枝分かれが過剰になるはずであるが，実際にはそうはなっていない。したがって，誤りである。

ⓐとⓒが正しいので，②を選ぶ。

□第３問　【ミトコンドリアの電子伝達系，光合成と放熱】

ねらい

Ａでは，ATP を合成できないと酸素の消費も起こらないことに**問３**で気づけるかどうかが勝負。Ｂでは，光合成の基礎知識と実験結果を照らし合わせて考える力が必要になる。Ａ・Ｂともに基礎知識がないと，この問題には歯が立たないと思うので，呼吸や光合成のしくみについて，しっかり復習してほしい。

解説

Ａ

問１　10　正解は ③

① ミトコンドリアと葉緑体には，核とは独立した独自の DNA が存在し，これが細胞内共生説の最大の根拠となっている。したがって，正しい。

② ミトコンドリアの祖先は好気性細菌であり，原始的な嫌気性生物の細胞内に共生してミトコンドリアになったと考えられている。したがって，正しい。

③ グルコースをピルビン酸に分解する過程は解糖系であり，解糖系に関わる酵素群は細胞質基質に存在する。したがって，誤りである。

④ ミトコンドリアのマトリックスではクエン酸回路が，内膜では電子伝達系が進行する。したがって，正しい。

確認

細胞内共生説

原始的な嫌気性生物の細胞内に好気性細菌が共生してミトコンドリアになり，さらにシアノバクテリアが共生して葉緑体になったという説。根拠として，ミトコンドリアとシアノバクテリアには，核とは独立した環状 DNA（細菌の DNA と共通）をもつことが挙げられる。

問２　11　正解は ③

①・② ミトコンドリアの酵素のはたらきによってコハク酸はオキサロ酢酸にまで変化するが，単離したミトコンドリアにはピルビン酸の供給がない。そのため，ピルビン酸の代謝で生じるアセチル CoA も枯渇し，この結果，オキサロ酢酸とアセチル CoA からクエン酸を生じる反応が進行しない。クエン酸が生じないと，クエン酸か

らオキサロ酢酸を生じる反応も起こらないので，ATPが合成されることもない。したがって，どちらも誤りである。

③ コハク酸の脱水素反応により，酸化型補酵素であるFADが還元され，還元型補酵素である$FADH_2$が生じる。したがって，正しい。

④ 脱炭酸反応が起こるときには基質の炭素数が減少する。コハク酸もオキサロ酢酸もC_4化合物であり，コハク酸からオキサロ酢酸が生じる過程では，脱炭酸反応により二酸化炭素が生じることはない。したがって，誤りである。

問3 12 正解は②

図1で，コハク酸を添加しただけでは，酸素消費量もATP蓄積量も増加しない。一方，ADPを加えるとADPとリン酸からATPが合成されるため，ATP蓄積量が増加するが，このとき酸素消費量も増加している。また，ATP合成酵素のはたらきを阻害する阻害剤Xを添加するとATP蓄積量が増加しなくなるが，このとき酸素消費量も急激に減少する。電子伝達系において，電子伝達により最終的に電子は酸素と水素イオンと結びついて水を生じるので，酸素消費量は電子伝達の進行を反映している。これらのことから，電子伝達はATPの合成と連動しており，ATPが合成されないと酸素消費も起こらないと考えられる。したがって，②が正しく，①・③・④は誤りである。

問4 13 正解は⑧

ミトコンドリアでは，電子伝達系の進行により，内膜をはさんでマトリックスから膜間腔へ水素イオンが能動輸送されることで，内膜をはさんで膜間腔とマトリックスの間に水素イオンの濃度勾配が形成される。次いで，水素イオンがATP合成酵素を受動輸送される過程で生じたエネルギーをもとにATPが合成される。

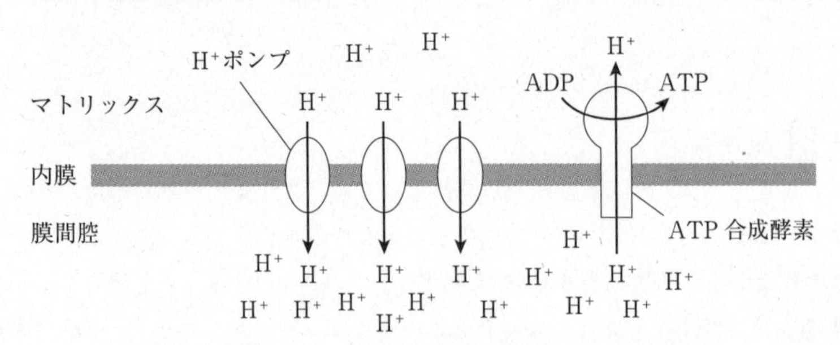

ⓐ・ⓒ　問題文に「物質Ｄは，H^+濃度が高いとH^+と結合し，H^+濃度が低いとH^+を離す性質をもち，生体膜を自由に出入りできる物質である」ことから，物質Ｄを添加すると，物質ＤはH^+の濃度の高い膜間腔でH^+と結合し，内膜を通ってH^+を離すと考えられる。これが繰り返されると，内膜を挟んだH^+の濃度勾配は解消される。したがって，ⓐは正しく，ⓒは誤りである。

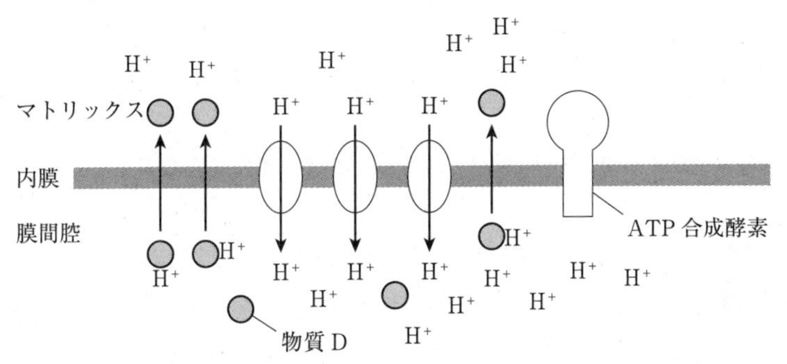

ⓑ　図１で，物質Ｄの添加により，ATP 蓄積量は増加していないが，酸素消費量は増加していることから，電子伝達によるエネルギーの放出は起こっていると考えられる。本来は ATP 合成に利用されるはずのエネルギーがすべて熱エネルギーになるので，熱エネルギーの発生量が増加することになる。したがって，正しい。

ⓓ　図１で物質Ｄを添加すると，酸素消費量は増加していることから，電子伝達が進行しており，電子伝達に伴うエネルギーを利用してマトリックス中のH^+が膜間腔に能動輸送されると考えられる。したがって，正しい。

学力アップ！

電子伝達系において，電子伝達と ATP 合成が連動していることを「電子伝達と ATP 合成の共役」という。この問題の物質Ｄのように，ATP 合成がなくても電子伝達を進行させる薬剤を脱共役剤という。哺乳類の体温調節に重要な褐色脂肪組織では，UCP という脱共役剤と同様のはたらきをもつタンパク質が合成されており，電子伝達で生じたエネルギーをすべて熱エネルギーに変換し，体温保持に役立っている。

B

問５　**14**　正解は ①

第４回実戦問題の第１問で光化学系ⅠとⅡについては詳しく解説しているので参照してほしい。そのときに用いた図を再掲する。

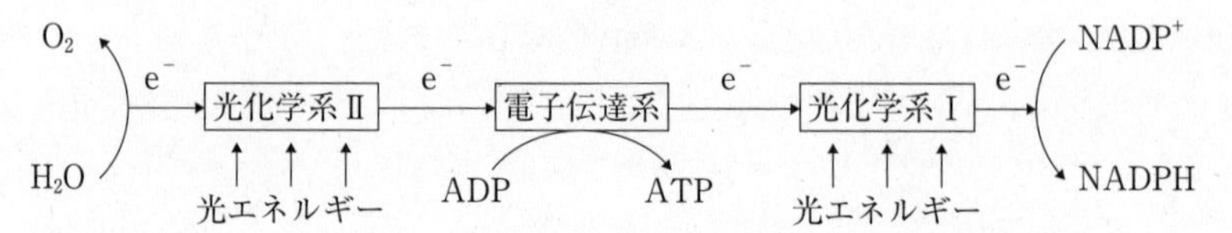

① NADP$^+$をNADPHに還元するのは，光化学系Ⅰである。したがって，誤りである。

② 水を分解して生じた電子を反応中心に補充するのは光化学系Ⅱである。したがって，正しい。

③・④ 光合成色素によって集められた光は反応中心に集められ，反応中心から電子が放出されるのは，光化学系ⅠもⅡも共通である。したがって，正しい。

問6 15 正解は ⑤

ⓔ・ⓕ 図２で，Ｘ欠損株は青色光を照射したときのクエンチング量が野生株に比べて大幅に減少していることから，Ｘ欠損株は青色光受容体を欠損，すなわち光受容体Ｘは青色光受容体であると考えられる。フィトクロムは赤色光や遠赤色光の受容体であるので光受容体Ｘの可能性はなく，フォトトロピンは青色光受容体であるので，光受容体Ｘの可能性がある。したがって，ⓐは誤りであり，ⓑは正しい。

ⓖ 図２のＸ欠損株のグラフを見ると，なだらかではあるが，青色光と赤色光にクエンチングのピークがある。クロロフィルは主に青色光と赤色光を吸収するので，クエンチングには，クロロフィルが関与している可能性がある。したがって，正しい。

ⓔとⓖが正しいので，⑤を選ぶ。

問7 16 正解は ②

リード文に「植物細胞に強い光を当てたときに合成されるタンパク質Ｌ」とあるので，タンパク質Ｌを合成する強光条件で実験を行わないと，実験が成立しない。したがって，ⓘ・ⓚは誤りであり，ⓗ・ⓙが正しい。ⓗ・ⓙの実験を比較することで，光受容体Ｘの有無とタンパク質Ｌの合成量の関係，光の波長とタンパク質Ｌの関係を調べることができる。

ⓗとⓙが正しいので，②を選ぶ。

□第４問 【ニューロン，エキソサイトーシス】

ねらい

ニューロンについては，興奮の伝導と伝達のしくみをしっかり理解できているかがポイントである。**問１**のグラフ選択の問題を確実に解けるようにしたい。また，**問３**はシナプス小胞から神経伝達物質が放出するのに必要なタンパク質についての実験である。ここでは，複数のタンパク質のはたらきをグラフから読み取れるようにしよう。

解説

問１ 17 正解は ①

まず，静止状態の膜電位(細胞外に対する細胞内の電位)はマイナスである。このオシロスコープは基準電極ｂに対する測定電極ａの電位差を測定していることに注意しよう。下図のＡでは，ａとｂの間に電位差はないのでグラフの値は０であり，刺激によって電位が逆転し，興奮が伝導するが，Ｂの段階でｂに対してａはマイナスの値をとる。Ｃまで興奮が伝導すると，ａとｂの間に電位差はなくなりグラフの値は再び０となり，Ｄの段階で，ｂに対してａはプラスの値をとる。これを満たすグラフは ① のみである。

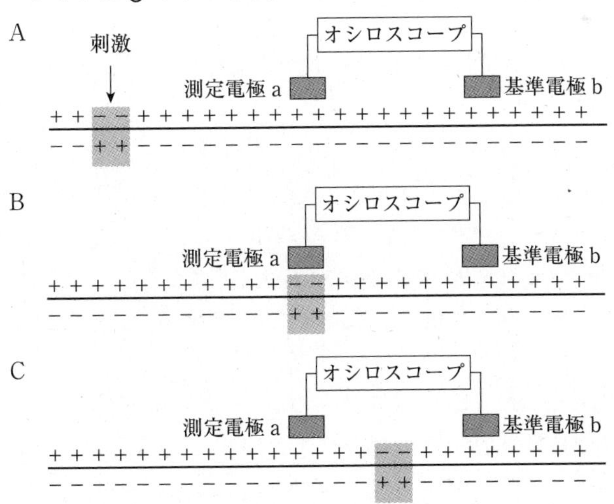

D

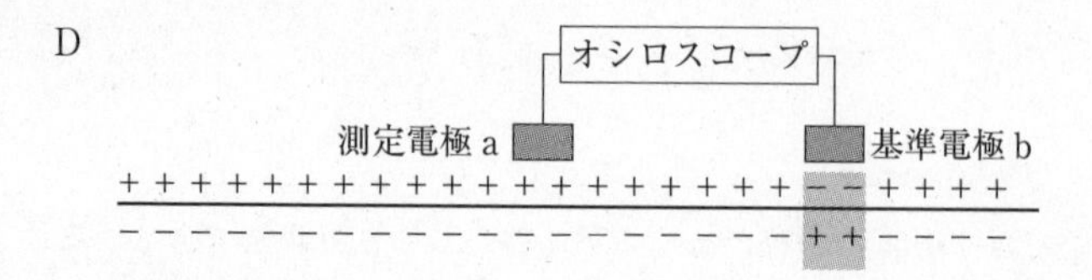

問2 18 正解は ①

シナプス後細胞の細胞膜上のリガンド依存性チャネルに神経伝達物質が結合するとチャネルが開いて，イオンが濃度勾配にしたがって移動する。興奮性シナプスの場合，神経伝達物質が結合することで細胞膜に脱分極(膜電位の上昇)が起こり，抑制性シナプスの場合，神経伝達物質が結合することで細胞膜に過分極(膜電位の低下)が起こる。

ここでは，興奮性シナプスであるので，リガンド依存性ナトリウム(ア)チャネルに結合すると，チャネルが開いて Na^{+} が流入するため，脱(イ)分極が起こる。したがって，①が正しい。なお，カリウムチャネルが開くと K^{+} が流出するため，過分極が起こる。

確認

分極　：静止状態で膜電位(細胞外に対する細胞内の電位)がマイナスの状態になること。

脱分極：膜電位が分極の状態を解消するように膜電位が上昇すること。

過分極：膜電位が分極の状態からさらに低下すること。

問3 19 ・ 20 正解は ①・⑥（順不同）

① 図2で，タンパク質Aが＋，タンパク質Bが－の場合，タンパク質Aが－，タンパク質Bが－の場合よりも膜融合した小胞の割合が大きいことから，タンパク質Aはタンパク質Tとタンパク質Vの結合を促進すると考えられる。したがって，正しい。

② 図2で，タンパク質Aが－，タンパク質Bが＋の場合，タンパク質Aが－，タンパク質Bが－の場合と膜融合した小胞の割合が同じであることから，タンパク質Bはタンパク質Tとタンパク質Vの結合を促進も抑制もしないと考えられる。したがって，誤りである。

③・④ 図2で，タンパク質Aが+，タンパク質Bが+の場合，タンパク質Aが−，タンパク質Bが+の場合と膜融合した小胞の割合が同じであることから，タンパク質Aは，タンパク質Bのはたらきを促進も抑制もしないと考えられる。したがって，どちらも誤りである。

⑤・⑥ 図2で，タンパク質Aが+，タンパク質Bが+の場合，タンパク質Aが+，タンパク質Bが−の場合よりも膜融合した小胞の割合が小さいことから，タンパク質Bは，タンパク質Aのはたらきを抑制すると考えられる。したがって，⑤は誤りであり，⑥は正しい。

⑦ Ca^{2+}はタンパク質Tとタンパク質Vの結合に必要であるかどうかは，Ca^{2+}を含まない溶液で実験を行わないと判断できない。したがって，誤りである。

□第５問 【マウスの性決定と遺伝子】

ねらい

哺乳類の性決定というとX染色体とY染色体の組合せで決定されるというように教科書では学習するが，実際はもう少し複雑である。既存の知識にとらわれず，実験結果から得られる考察に基づいて問題を解くという思考を，この問題で身につけよう。

解説

問１ 21 正解は④

実験１で，性転換した個体の性染色体構成はXYであり，野生型の雄の性染色体構成もXYであることから，XY×XYの交配ということになる。この交配における次世代の性染色体構成はXX：XY：YY＝１：２：１となる。問題文に「これらの個体の性染色体構成は，XXもしくはXYのどちらかであった」とあることから，YYの個体は生まれてこなかったと解釈できる。

ⓐ X染色体には生存に必要な遺伝子が存在すると考えれば，X染色体をもたないYYの個体が生まれてこない理由を説明できる。したがって，正しい。

ⓑ もし，Y染色体に生存に必要な遺伝子が存在していた場合，XXの個体は生まれてこないはずである。しかし，実際にXXの個体が生まれてくることから，Y染色体には生存に必要な遺伝子は存在していないと考えられる。したがって，正しい。

ⓒ この交配における次世代の性染色体構成はXX：XY：YY＝１：２：１となり，YYは生まれてこないので，XX：XY＝１：２となり，次世代の雌：雄の比は１：２である。したがって，誤りである。

ⓐとⓑが正しいので，④を選ぶ。

POINT

XX，XYの個体は生まれてくるが，YYの個体は生まれてこないことから，X染色体には生存に必須の遺伝子が存在し，Y染色体には生存に必須の遺伝子が存在しないことがわかる。

問２ 22 正解は④

①・② **実験２**で，遺伝子Ａのノックアウトマウスの受精卵(性染色体構成はXY)において，Sry遺伝子を強制的に発現させると精巣が正常に分化したことから，遺伝子Ａは精巣の分化に必ずしも必要ではないことがわかる。したがって，どちらも誤りである。

③ **実験１・実験２**のどちらも遺伝子Ａのノックアウトマウスを用いているので，遺伝子Ａの発現にSry遺伝子が必要であるかどうかを判断することができない。したがって，誤りである。

④ **実験２**で，遺伝子Ａのノックアウトマウスの受精卵において，Sry遺伝子を強制的に発現させると精巣が正常に分化したことから，精巣の分化にはSry遺伝子の発現が必要であることがわかる。これを踏まえると，**実験1**で，遺伝子Ａのノックアウトマウスで卵巣が分化したのは，Sry遺伝子が発現しなかったからであると考えられる。Sry遺伝子が発現しなかったのは，遺伝子Ａをノックアウトしたことが原因であるので，Sry遺伝子の発現には遺伝子Ａの発現が必要であると考えられる。したがって，正しい。

問３ [23] 正解は ③

問２で，「Sry遺伝子の発現には遺伝子Ａの発現が必要である」ことをもとに考える。正常なマウスの受精卵(性染色体構成はXX)に遺伝子Ａを導入して強制発現させても，Ｙ染色体をもたないのでSry遺伝子そのものが存在せず，Sry遺伝子は発現しない。したがって，性は雌(ア)になる。また，Sry遺伝子のノックアウトマウスの受精卵(性染色体構成はXY)に遺伝子Ａを導入して強制発現させても，Sry遺伝子そのものが存在しないので，Sry遺伝子は発現せず，性はやはり雌(イ)になる。したがって，③が正しい。

□ 第6問 【ネコの血液型と遺伝，免疫，集団遺伝】

ねらい

ネコのAB式血液型についてディスカッションができるかどうかを試す問題である。会話文の内容をヒトの血液型や免疫の知識，および中学校理科の遺伝，および集団遺伝の知識をベースにして理解する力が求められる。このような問題は共通テストでは要注意なので，慣れておくといいだろう。

解説

問1 24 正解は ②

ニナのセリフに「A型のホモ接合体とB型のホモ接合体の両親からはA型が，A型のホモ接合体とAB型のホモ接合体の両親からはA型が，B型のホモ接合体とAB型のホモ接合体の両親からはAB型の子が生まれる」とある。これを整理すると，

・A型のホモ接合体(AA)とB型のホモ接合体(BB)の両親から生まれた子の遺伝子型はABとなる。表現型はA型であるので，AはBに対して優性である。

・A型のホモ接合体(AA)とAB型のホモ接合体(CC)の両親から生まれた子の遺伝子型はACとなる。表現型はA型であるので，AはCに対して優性である。

・B型のホモ接合体(BB)とAB型のホモ接合体(CC)の両親からは生まれた子の遺伝子型はBCとなる。表現型はAB型であるので，CはBに対して優性である。

これらをまとめると，遺伝子A(ア)は遺伝子C(イ)と遺伝子B(ウ)に対して優性で，遺伝子C(イ)は遺伝子B(ウ)に対して優性となる。したがって，②が正しい。

POINT

ヘテロ接合体のもつ遺伝子のうち，表現型として顕れた方が優性(顕性)であり，表現型として顕れなかった方が劣性(潜性)である。

問2 25 正解は ③

ヒトのABO式血液型と赤血球表面の凝集原，血しょう中の凝集素の関係を次頁の表に示す。

	A 型	B 型	AB 型	O 型
凝集原（抗原）	A	B	A と B	なし
凝集素（抗体）	β （抗 B 抗体）	α （抗 A 抗体）	なし	α と β

① O 型の血液は，抗 A 抗体と抗 B 抗体の両方をもつので，正しい。

② AB 型のヒトの血しょうには抗 A 抗体も抗 B 抗体もないので，正しい。

③ ヒトの AB 型の遺伝子型は AB となり，ヘテロ接合体であるので，誤りである。

④ ヒトでは，遺伝子型が AB のヒトは，表現型は A 型でも B 型でもなく AB 型となることから，A 型の遺伝子と B 型の遺伝子には優劣がないと考えられる。したがって，正しい。

問３ 26 正解は ⑤

ニナのセリフに「84％が A 型，16％が B 型で，AB 型は０％」とあることから，この集団は，A 型と B 型のみの集団である。遺伝子 A は遺伝子 C と遺伝子 B に対して優性で，遺伝子 C は遺伝子 B に対して優性であることから，A 型の遺伝子型は AA，AC，AB の３種類，B 型は BB の１種類である。しかし，遺伝子型 AC の個体が存在すれば，AC どうしの交配で遺伝子型 CC（AB 型）の個体が生まれる。この集団には AB 型はいないので，集団内に遺伝子 C は存在しないと考えられる。したがって，この集団は，遺伝子型が AA，AB，BB の集団ということになる。

ここで，A の遺伝子頻度を p，B の遺伝子頻度を q とおく $(p+q=1)$ と，この集団がハーディ・ワインベルグの法則が成り立つ集団である場合，$(pA+qB)^2=p^2AA+2pqAB+q^2BB$ となる。B 型（BB）は 16％であるので，$q^2=0.16$　これを解いて，$q=0.4$，$p=1-0.4=0.6$ となる。A 遺伝子と B 遺伝子をヘテロでもつ個体（AB）の頻度は $2pq=2\times0.6\times0.4=0.48$　すなわち 48（ エ ）％になる。したがって，⑤ が正しい。

問４ 27 正解は ①

ⓐ ニナの下線部(b)のセリフ「B 型の母親が A 型の子を産んだ場合，子が母親の母乳を飲むと新生児溶血症といって，赤血球は破壊されてしまうんだよ」とあること，資料に B 型の個体は抗 A 抗体をつくることから，B 型の母親の母乳中の抗 A 抗体

がＡ型の子に入り，赤血球を破壊したと考えられる。

一方，「Ａ型の母親がＢ型の子を産んだ場合は，子が母親の母乳を飲んでも新生児溶血症にはならない」とあること，資料にＡ型の個体は抗Ｂ抗体をつくることから，Ａ型の母親の母乳中の抗Ｂ抗体がＢ型の子に入ったが，抗Ｂ抗体は赤血球を破壊できなかったと考えられる。したがって，正しい。

ⓑ Ｂ型の母親の母乳中の抗Ａ抗体がＡ型の子の血液に入って赤血球を破壊したことから，抗Ａ抗体は小腸で消化されずに吸収されたと考えられる。したがって，正しい。

ⓒ Ｂ型の母親の母乳中の抗Ａ抗体がＡ型の子の血液に入って赤血球を破壊したことから，Ｂ型の母親の母乳中に抗Ａ抗体がほとんど含まれないということはありえない。また，Ａ型の母親の母乳中に抗Ｂ抗体が大量に含まれるとすると，Ｂ型の子が母乳を飲んだ場合，赤血球が破壊される可能性が高く，合理的な推論とはいえない。したがって，誤りである。

ⓓ Ａ型の子がＢ型の母親の母乳中の抗Ａ抗体を吸収できないのであれば，新生児溶血症にはなっていないはずである。したがって，誤りである。

ⓐとⓑが正しいので，① を選ぶ。

MEMO

MEMO

MEMO

MEMO

MEMO

MEMO

MEMO

MEMO

MEMO

MEMO

MEMO

MEMO

東進 共通テスト実戦問題集 生物

発行日：2023年 3月 1日　初版発行

著者：**飯田高明**
発行者：**永瀬昭幸**
発行所：株式会社ナガセ
〒180-0003 東京都武蔵野市吉祥寺南町 1-29-2
出版事業部（東進ブックス）
TEL：0422-70-7456 ／ FAX：0422-70-7457
URL：http://www.toshin.com/books/（東進WEB書店）
※本書を含む東進ブックスの最新情報は東進WEB書店をご覧ください。
編集担当：益田康太郎

編集協力：久光幹太 森下聡吾
制作協力：緒方隼平
デザイン・装丁：東進ブックス編集部
図版制作・DTP：株式会社加藤文明社印刷所
印刷・製本：シナノ印刷株式会社

ISBN978-4-89085-920-7　C7345

国語

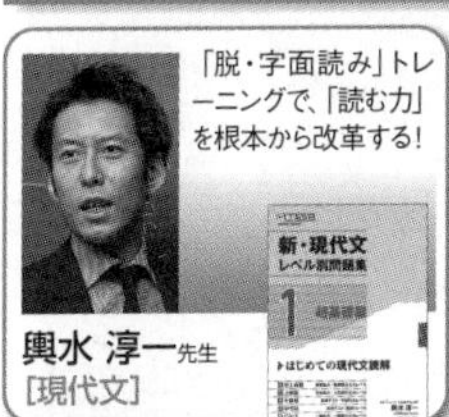

「脱・字面読み」トレーニングで、「読む力」を根本から改革する！

輿水 淳一先生 [現代文]

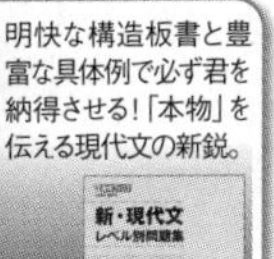

明快な構造板書と豊富な具体例で必ず君を納得させる！「本物」を伝える現代文の新鋭。

西原 剛先生 [現代文]

東大・難関大志望者から絶大なる信頼を得る本質の指導を追究。

栗原 隆先生 [古文]

ビジュアル解説で古文を簡単明快に解き明かす実力講師。

富井 健二先生 [古文]

縦横無尽な知識に裏打ちされた立体的な授業に、グングン引き込まれる！

三羽 邦美先生 [古文・漢文]

幅広い教養と明解な具体例を駆使した緩急自在の講義。漢文が身近になる！

寺師 貴憲先生 [漢文]

文章で自分を表現できれば、受験も人生も成功できますよ。「笑顔と努力」で合格を！

石関 直子先生 [小論文]

理科

丁寧で色彩豊かな板書と詳しい講義で生徒を惹きつける。

宮内 舞子先生 [物理]

化学現象の基本を疑い化学全体を見通す“伝説の講義”

鎌田 真彰先生 [化学]

明朗快活な楽しい講義で、必ず「化学」が好きになる。

立脇 香奈先生 [化学]

全国の受験生が絶賛するその授業は、わかりやすさそのもの！

田部 眞哉先生 [生物]

地歴公民

入試頻出事項に的を絞った「表解板書」は圧倒的な信頼を得る。

金谷 俊一郎先生 [日本史]

つねに生徒と同じ目線に立って、入試問題に対する的確な思考法を教えてくれる。

井之上 勇 先生 [日本史]

“受験世界史に荒巻あり”といわれる超実力人気講師。

荒巻 豊志先生 [世界史]

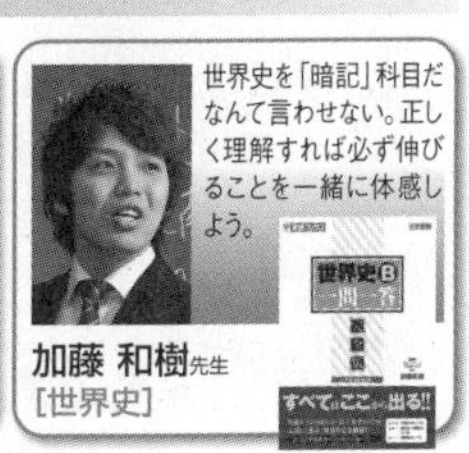

世界史を「暗記」科目だなんて言わせない。正しく理解すれば必ず伸びることを一緒に体感しよう。

加藤 和樹先生 [世界史]

わかりやすい図解と統計の説明に定評。

山岡 信幸先生 [地理]

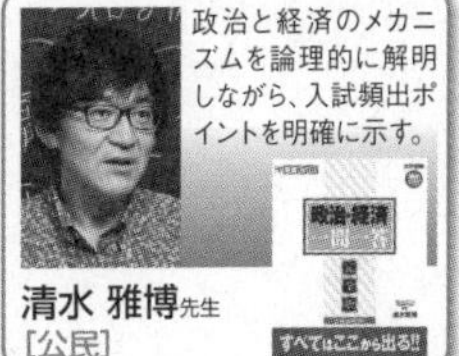

政治と経済のメカニズムを論理的に解明しながら、入試頻出ポイントを明確に示す。

清水 雅博先生 [公民]

「今」を知ることは「未来」の扉を開くこと。受験に留まらず、目標を高く、そして強く持て！

執行 康弘先生 [公民]

合格の秘訣2 基礎から志望校対策まで合格に必要なすべてを網羅した 学習システム

映像によるIT授業を駆使した最先端の勉強法

高速学習

一人ひとりのレベル・目標にぴったりの授業

東進はすべての授業を映像化しています。その数およそ1万種類。これらの授業を個別に受講できるので、一人ひとりのレベル・目標に合った学習が可能です。1.5倍速受講ができるほか自宅からも受講できるので、今までにない効率的な学習が実現します。

1年分の授業を最短2週間から1カ月で受講

従来の予備校は、毎週1回の授業。一方、東進の高速学習なら毎日受講することができます。だから、1年分の授業も最短2週間から1カ月程度で修了可能。先取り学習や苦手科目の克服、勉強と部活との両立も実現できます。

現役合格者の声

東京大学 理科一類
大宮 拓朝くん
東京都立 武蔵高校卒

得意な科目は高2のうちに入試範囲を修了したり、苦手な科目を集中的に取り組んだり、自分の状況に合わせて早め早めの対策ができました。林修先生をはじめ、実力講師陣の授業はおススメです。

先取りカリキュラム

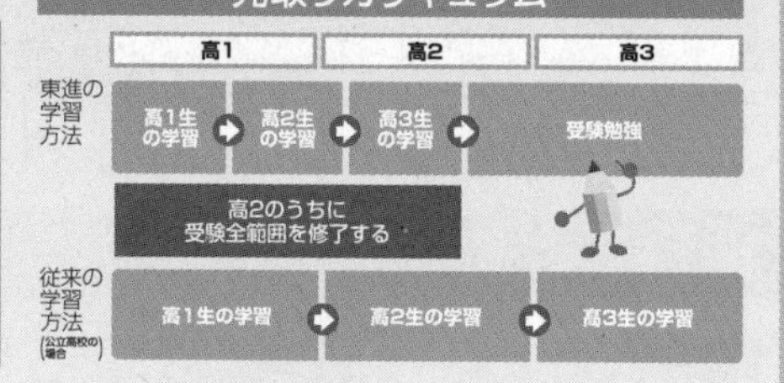

目標まで一歩ずつ確実に

スモールステップ・パーフェクトマスター

自分にぴったりのレベルから学べる 習ったことを確実に身につける

高校入門から最難関大までの12段階から自分に合ったレベルを選ぶことが可能です。「簡単すぎる」「難しすぎる」といったことがなく、志望校へ最短距離で進みます。

授業後すぐに確認テストを行い内容が身についたかを確認し、合格したら次の授業に進むので、わからない部分を残すことはありません。短期集中で徹底理解をくり返し、学力を高めます。

パーフェクトマスターのしくみ

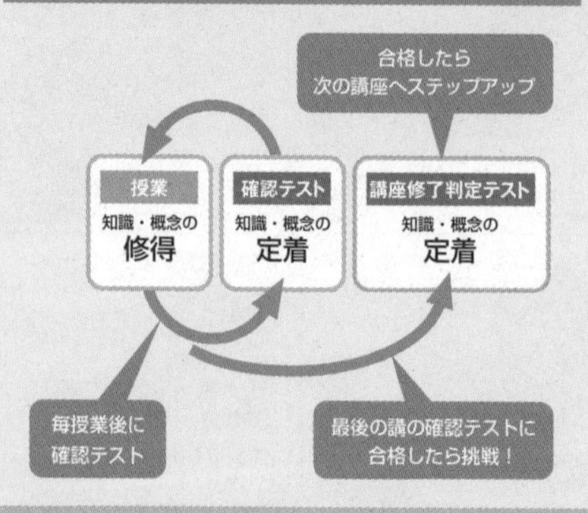

現役合格者の声

一橋大学 商学部
伊原 雪乃さん
千葉県 私立 市川高校卒

高1の「共通テスト同日体験受験」をきっかけに東進に入学しました。毎回の授業後に「確認テスト」があるおかげで、授業に自然と集中して取り組むことができました。コツコツ勉強を続けることが大切です。

東進ハイスクール
在宅受講コースへ

「遠くて東進の校舎に通えない……」。そんな君も大丈夫！ 在宅受講コースなら自宅のパソコンを使って勉強できます。ご希望の方には、在宅受講コースのパンフレットをお送りいたします。お電話にてご連絡ください。学習・進路相談も随時可能です。

0120-531-104

徹底的に学力の土台を固める
高速マスター基礎力養成講座

高速マスター基礎力養成講座は「知識」と「トレーニング」の両面から、効率的に短期間で基礎学力を徹底的に身につけるための講座です。英単語をはじめとして、数学や国語の基礎項目も効率よく学習できます。オンラインで利用できるため、校舎だけでなく、スマートフォンアプリで学習することも可能です。

現役合格者の声

早稲田大学 法学部
小松 朋生くん
埼玉県立 川越高校卒

サッカー部と両立しながら志望校に合格できました。それは「高速マスター基礎力養成講座」に全力で取り組んだおかげだと思っています。スキマ時間でも、机に座って集中してでもできるおススメのコンテンツです。

東進公式スマートフォンアプリ
東進式マスター登場！
（英単語／英熟語／英文法／基本例文）

スマートフォンアプリでスキマ時間も徹底活用！

1）スモールステップ・パーフェクトマスター！
頻出度（重要度）の高い英単語から始め、1つのSTAGE（計100語）を完全修得すると次のSTAGEに進めるようになります。

2）自分の英単語力が一目でわかる！
トップ画面に「修得語数・修得率」をメーター表示。
自分が今何語修得しているのか、どこを優先的に学習すべきなのか一目でわかります。

3）「覚えていない単語」だけを集中攻略できる！
未修得の単語、または「My単語（自分でチェック登録した単語）」だけをテストする出題設定が可能です。
すでに覚えている単語を何度も学習するような無駄を省き、効率良く単語力を高めることができます。

共通テスト対応 英単語1800
共通テスト対応 英熟語750
英文法 750
英語基本 例文300

「共通テスト対応英単語1800」2022年共通テストカバー率99.5%！

君の合格力を徹底的に高める
志望校対策

第一志望校突破のために、志望校対策にどこよりもこだわり、合格力を徹底的に極める質・量ともに抜群の学習システムを提供します。従来からの「過去問演習講座」に加え、AIを活用した「志望校別単元ジャンル演習講座」、「第一志望校対策演習講座」で合格力を飛躍的に高めます。東進が持つ大学受験に関するビッグデータをもとに、個別対応の演習プログラムを実現しました。限られた時間の中で、君の得点力を最大化します。

現役合格者の声

東京工業大学 環境・社会理工学院
小林 杏彩さん
東京都 私立 豊島岡女子学園高校卒

志望校を高1の頃から決めていて、高3の夏以降は目標をしっかり持って「過去問演習」、「志望校別単元ジャンル演習講座」を進めていきました。苦手教科を克服するのに役立ちました。

大学受験に必須の演習
過去問演習講座

1. 最大10年分の徹底演習
2. 厳正な採点、添削指導
3. 5日以内のスピード返却
4. 再添削指導で着実に得点力強化
5. 実力講師陣による解説授業

東進×AIでかつてない志望校対策
志望校別単元ジャンル演習講座

過去問演習講座の実施状況や、東進模試の結果など、東進で活用したすべての学習履歴をAIが総合的に分析。学習の優先順位をつけ、志望校別に「必勝必達演習セット」として十分な演習問題を提供します。問題は東進が分析した、大学入試問題の膨大なデータベースから提供されます。苦手を克服し、一人ひとりに適切な志望校対策を実現する日本初の学習システムです。

志望校合格に向けた最後の切り札
第一志望校対策演習講座

第一志望校の総合演習に特化し、大学が求める解答力を身につけていきます。対応大学は校舎にお問い合わせください。

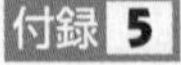

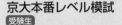

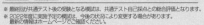

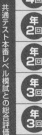

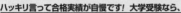

※2022年4月現在